Girl & Mom

媽媽跟我穿一樣的！

媽咪 💗 小公主 的 手作親子裝

Boutique-Sha 🤍 授權

讓人感到無限溫馨的母女親子服！

尤其是親手製作，更代表了滿滿的愛。

這本書介紹了母女相同單品的款式服裝。

可以隨時依自己喜好去改變顏色。

或是不同款式，

但採用同種布料等挑戰。

而小孩的尺寸，從90cm到130cm，

共有5種尺寸，

也可以製作可愛、高CP值的姊妹裝喔！

模特兒的身高尺寸

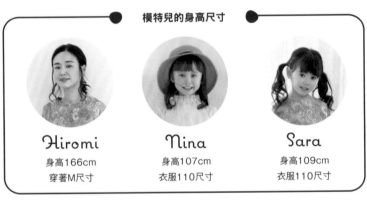

Hiromi
身高166cm
穿著M尺寸

Nina
身高107cm
衣服110尺寸

Sara
身高109cm
衣服110尺寸

附有原寸紙型

本書附有原寸紙型一張。
請參考P.34「原寸紙型使用方法」，描繪在描圖紙上使用。
除了一部分作品之外，都可以直接應用紙型。

Contents

六分袖上衣

柔和配色的花紋圖案上衣。
小女孩的服裝下襬
還添加了鬆緊帶的縮口設計。
媽媽款式則是加入腰繩，
可依自己的喜好調節鬆緊度。

製作方法 -→ p.35

[布料] ルシアン
[製作] 小澤のぶ子

1

褲子／Samansa Mos2 Lagom
（CANcustomer center）
鞋子／kp DECO（knitplanner）

製作方法　->　p.35

[布料]　ルシアン
[製作]　小澤のぶ子

2

格紋上衣

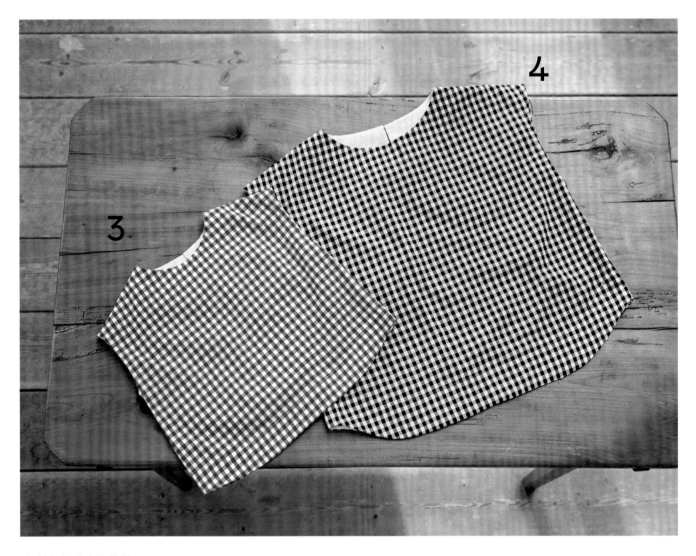

無袖無領的素雅設計，
製作方法也很簡單。
就像T恤一樣百搭，
也可使用不同布料搭配。

製作方法　3・4　-→　p.38

[布料]　清原
[製作]　小林かおり

小女孩：褲子／kp DECO（knitplanner）
媽媽：耳環／MDM　褲子／SEVEVDAYS＝SUNDAY

燈籠袖
細褶連身裙

燈籠袖搭配高腰設計的
細褶連身裙。
使用穿起來非常舒適的
高級亞麻布來製作。

5

製作方法　-> p.40

[布料]　清原
[製作]　小林かおり

貼邊刻意選擇不同布料。

6

製作方法 -> p.40

[布料] 清原

[製作] 小林かおり

耳環／MDM 鞋子／SAYA（RABOKIGOSHI）

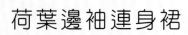

荷葉邊袖連身裙

將P.6的袖子改為荷葉邊袖設計，
裙長也變短。
薰衣草紫搭配白色圓點，
散發著可愛感覺
且看起來又很清爽的一款。

製作方法 -> p.44

[布料] 大塚屋 車道本店
[製作] 小林かおり

7

襪子／靴下屋（Tabio）
涼鞋／POMPKINS（Mastplanning）

製作方法 -> p.46

[布料] 8／大塚屋 車道本店
　　　 9／ルシアン
[製作] 8／小澤のぶ子
　　　 9／小林かおり

8

9

小女孩：連身裙／P.8的7號
媽媽：耳環／MDM 上衣／P.3的2號

髮帶

搭配衣服一起縫製的髮帶。
製作方法非常簡單，
試著作看看吧！

| 八分袖
傘狀連身裙

寬鬆的傘狀連身裙
時尚又有型。
八分長的袖口有著精緻褶襉設計，
柔軟中帶著清爽氛圍。

10

製作方法 -> p.47

[布料] 清原
[製作] 金丸かほり

11

製作方法 -> p.47

[布料] 清原

[製作] 金丸かほり

項鍊／MDM 鞋子／SAYA（RABOKIGOSHI）

11

無袖的傘狀連身裙

P.10和11的無袖設計款式。
簡潔的條紋給人成熟的感覺。
女兒和媽媽選用不同色系的條紋也很好看喔！

媽媽：耳環・手環／MDM
鞋子／TALANTON by DIANA
（DIANA銀座本店）

12

13

製作方法　12・13 -> p.52

[布料] ヨーロッパ服地のひでき
[製作] 小林かおり

14

15

涼爽夏天傘狀上衣

前片稍短，後片稍長的設計。
為P.12連身裙的應用款式。
豐盈的荷葉傘狀分量，
在身子轉動時隱約可見下襬貼邊，
因為不同布料的製作而更顯別緻。

製作方法　14・15 -> p.50

[布料]　ヨーロッパ服地のひでき
[製作]　金丸かほり

16

可愛的
荷葉領上衣

P.10連身裙的短版設計，
再加上荷葉領和蝴蝶結。
刻意選擇了成熟的色彩
搭配可愛的設計，感覺恰到好處。

製作方法 -> p.57

[布料] ヨーロッパ服地のひでき
[製作] 金丸かほり

鄉村風的
傘狀連身裙

應用P.2的設計，
腰部加上剪接線的連身裙。
俏皮的圓點和
小且精緻的圓領，
像不像森林風的典雅女孩呢？

製作方法 -> p.54

[圓點布料] 大塚屋 車道本店
[製作] 小林かおり

帽子、鞋子／ POMPKINS（Mastplanning）

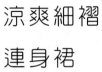

涼爽細褶
連身裙

胸前和領圍的剪接片
添加了細褶的連身裙。
當和煦微風輕撫著寬鬆裙襬，
多麼地清爽又舒適！

18

製作方法 -> p.60

[布料] 布地のお店Solpano
[製作] 酒井三菜子

製作方法　-→　p.61

[布料]　布地のお店Solpano
[製作]　酒井三菜子

19

涼鞋／TALANTON by DIANA
（DIANA銀座本店）

20

21

飄逸細褶上衣

將P.18．19改成短版設計。
增加了空氣感，更加飄逸的上衣。
薄透且柔軟的棉布材質，
是非常推薦的款式喔！

製作方法　20 -→ p.64
　　　　　21 -→ p.65

[布料]　ヨーロッパ服地のひでき
[製作]　酒井三菜子

小女孩：褲子／ Samansa Mos2 Lagom（CANcustomer center）
涼鞋／ POMPKINS（Mastplanning）
媽媽：褲子／AMERICAN HOLIC　涼鞋／ SAYA（RABOKIGOSHI）

製作方法　-→　p.72

[布料] 布地のお店Solpano
[製作] 加藤容子

休閒風的
吊帶連身褲

22

走動時很有味道的吊帶連身褲，
可以穿出休閒感。
也能隨自己喜愛，
調節肩繩的長度喔！

23

製作方法 -> p.72

[布料]　布地のお店Solpano
[製作]　加藤容子

襪子／靴下屋（Tabio）　鞋／SAYA（RABOKIGOSHI）

24

25

製作方法 —> p.80

[布料] 布地のお店Solpano
[製作] 酒井三菜子

母女同款的髮帶

以P.18・19連身裙布料製作的髮帶，
母女同款的設計。
像這樣以相同的小物來搭配也很不錯喔！

大口袋設計的
寬鬆連身裙

將P.25的休閒風吊帶連身褲
改成吊帶連身裙。
搭配小朋友很喜歡的
大口袋設計。

製作方法 –> p.76

[布料] 清原
[製作] 加藤容子

26

哈倫褲

休閒寬鬆的哈倫褲。
長度約至腳踝，
可以直接穿著或捲起褲管。

27

製作方法 -> p.66

[布料] 清原

[製作] 小林かおり

T恤／KP（knitplanner）

製作方法 -> p.66

[布料] 清原
[製作] 小林かおり

長版細褶圓裙

非常百搭的
簡單長版細褶圓裙。
長度雖長，
但休閒中帶有高雅的氛圍。

製作方法 -> p.78

[布料] 清原
[製作] 小澤のぶ子

29

帽子・襪子／POMPKINS（Mastplanning）
上衣／Samansa Mos2 Lagom（CANcustomer center）

製作方法　-→　p.78

[布料]　清原
[製作]　小澤のぶ子

30

靴下／靴下屋（Tabio）　靴／SAYA（RABOKIGOSHI）

I 輕薄外套

選用了柔軟的亞麻布所製作的外套，
像是開襟衫一般的款式。
女孩的版本還加上了口袋的設計，
袖口也加上了貼邊，
反摺時露出來很精緻。

小女孩：褲子／P.26的27號
媽媽：褲子／P.27的28號

製作方法　31・32 -> p.69　　［布料］コスモテキスタイル
　　　　　　　　　　　　　　　［製作］小澤のぶ子

31

利用脇邊製作口袋的圖片解說

接縫口袋是利用脇邊縫線製作，表面看不到的口袋款式。以P.6的5號細褶連身裙為例子，解說此方法。其他款式也可以參考此製作方法。

車縫脇邊，製作口袋布

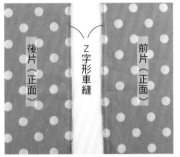
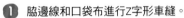
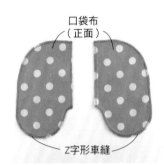
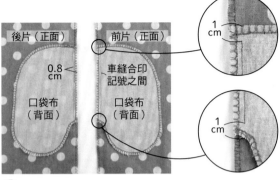

後片（正面）　Z字形車縫　前片（正面）

口袋布（正面）

Z字形車縫

後片（正面）　前片（正面）　1cm
0.8cm　車縫合印記號之間
口袋布（背面）　口袋布（背面）　1cm

❶ 脇邊線和口袋布進行Z字形車縫。

❷ 口袋布和前後片對齊車縫。

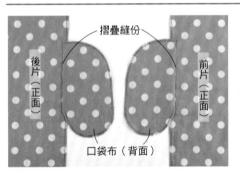
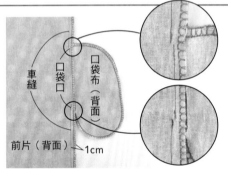
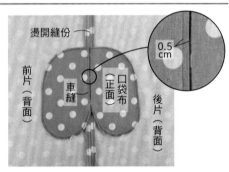

摺疊縫份
後片（正面）　前片（正面）
口袋布（背面）

口袋　口袋布（背面）
車縫　口袋口
前片（背面）　1cm

燙開縫份　0.5cm
前片（背面）　車縫　口袋布（正面）　後片（背面）

❸ 翻至正面，摺疊口袋布縫份。

❹ 前後片正面相對疊合，車縫脇邊線。注意口袋布要預先拉出不要車縫夾到。

❺ 燙開脇邊縫份，車縫口袋口。

❻ 口袋布正面相對疊合，珠針固定。

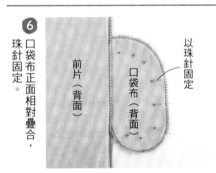

前片（背面）　口袋布（背面）　以珠針固定　口袋布周圍。

❼ 避開前後脇邊線，車縫口袋布周圍。

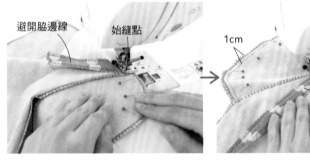
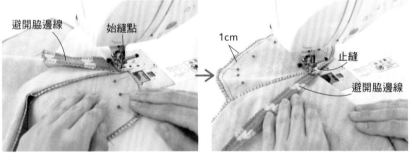

避開脇邊線　始縫點
1cm　止縫　避開脇邊線

❽ 同步驟❼，車縫縫份處。

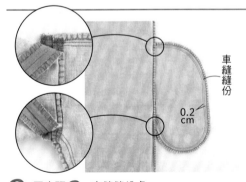

車縫縫份　0.2cm

❾ 口袋布縫合。

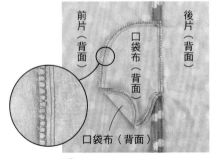

前片（背面）　後片（背面）　口袋布（背面）
口袋布（背面）

❿ 口袋口上下和口袋布一起重複壓線3至4次，完成。

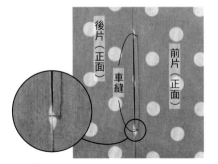

後片（正面）　前片（正面）　車縫

※作品是使用不同布料。為了便於解說辨識，選用了顏色明顯的縫線。實際製作時請使用配合布料顏色的縫線。

開始製作之前

尺寸表（裸體尺寸）　單位 cm

兒童

部位＼尺寸	90	100	110	120	130
胸圍	48	52	56	60	64
腰圍	45	47.5	50.5	52	55
臀圍	54	58	61	63.5	67.5
股上長	16.5	17	18	19	20
股下長	32	38	43	49	55
頭圍	48	49	50	51	52

成人

部位＼尺寸	S	M	L
身長	150	158	166
胸圍	76	83	90
腰圍	61	64	73
臀圍	87	91	95
股上長	25	26	27
股下長	63	68	72
頭圍	54	56	56

完成尺寸的計算方法

◆上衣、連身褲、連身裙、外套
身長　後片　胸圍

◆連身褲、連身裙
總長（包含腰帶）　前　前長

◆裙子、褲子
裙子、褲子　前片

製圖記號

——（粗直線）	完成線（粗直線）	←→	布紋記號（箭頭方向代表直布紋）
——（細線）	導引線（細線）	◡◡	等分線（也可代表同等尺寸線）
— —	摺雙線（褶線）	☆ ★ ○ ● ∅ ◐ △ 等	同紙型同尺寸相對合的記號（任何圖案都可以）
- - -	貼邊線		
○	釦子・暗釦		
I	釦眼		
⊖	對齊印號		

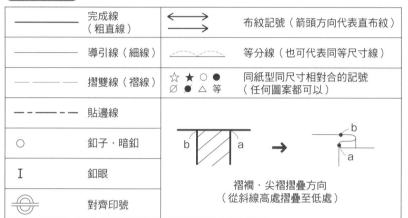

褶襇・尖褶摺疊方向
（從斜線高處摺疊至低處）

布紋方向

直布紋…布料直向編織的方向。和布邊平行的方向。

橫布紋…布料橫向編織的方向。和布寬平行的方向。

斜布紋…和布料呈斜向45°。最有彈性的方向。

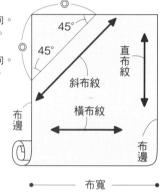

45°　直布紋　斜布紋　橫布紋　布邊　布寬

裁布圖使用方法

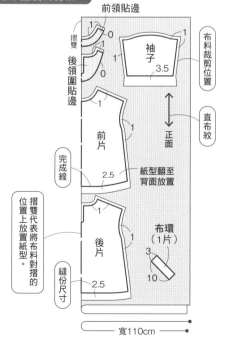

前領貼邊　摺雙　後領圍貼邊　袖子 3.5　布料裁剪位置　直布紋　正面　前片 2.5　完成線　紙型翻至背面放置　後片　布環（1片）3 10　縫份尺寸 2.5　寬110cm

摺雙代表將布料對摺的位置上放置紙型。

※依據尺寸，紙型配置也會不同。
　在裁剪時請先放上所有紙型確認位置。

合印記號方向

兩片一起裁剪時，兩片布料（背面）之間夾入雙面複寫紙，以點線器繪製輪廓。也別忘了標記合印記號與口袋縫製等位置。

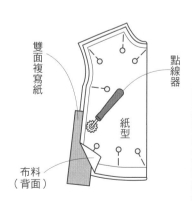

雙面複寫紙　點線器　紙型　布料（背面）

單片裁剪時
布料背面重疊單面複寫紙，以點線器繪製輪廓。

黏著襯貼法

熨斗不可隨意滑動，要由上往下按壓，慢慢熨燙前進。

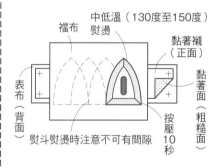

中低溫（130度至150度）熨燙　襯布　黏著襯（正面）　表布（背面）　黏著面（粗糙面）　按壓10秒

熨斗熨燙時注意不可有間隙。

車縫

始縫和止縫處均需回針縫。所謂回針縫就是同一地方縫線重複2至3次。

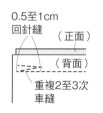

0.5至1cm 回針縫　（正面）　（背面）　重複2至3次車縫

原 寸 紙 型 使 用 方 法

1 原寸紙型的裁剪

◆原寸紙型沿虛線裁開。
◆請先確認想製作的作品紙型在哪個位置、總共有幾片。

2 使用紙張描繪

◆使用紙張描繪。有下列兩種方法。

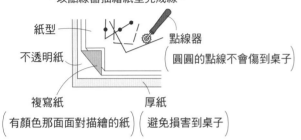

使用不透明的紙

不透明紙上放置紙型，
中間放置複寫紙，
以點線器描繪紙型完成線。

紙型
不透明紙
複寫紙
（有顏色那面面對描繪的紙）
點線器
（圓圓的點線不會傷到桌子）
厚紙
（避免損害到桌子）

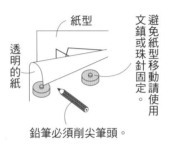

始用透明的紙

紙型上面放置透明的紙，
以鉛筆直接描繪。

紙型
透明的紙
避免紙型移動請使用文鎮或珠針固定。
鉛筆必須削尖筆頭。

＜描繪紙型應該注意的事項＞

「合印記號」「縫製位置」「止縫點」
「直布紋」等名稱均需寫在紙型上。

3 附上縫份、裁剪紙型

◆紙型沒有附上縫份，請依照製作頁面的指示畫上縫份。

《描繪縫份注意點》

· 一起車縫的縫份寬度必須一致。

· 沿完成線平行加上縫份。

· 附上縫份時請延長直線、並預留
空白處以便摺疊紙張裁剪，避免
縫份的不足（參考右圖）。

· 依據布料材質（厚度、彈性）及縫製
方法等，縫份寬度也會不同。

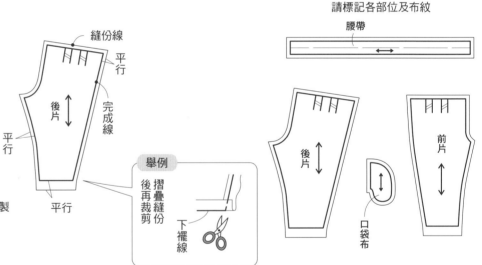

縫份線
平行
後片
完成線
平行
平行

舉例
後再裁剪
摺疊縫份
下襬線

請標記各部位及布紋
腰帶

後片
前片
口袋布

4 紙型排列至布料上，裁剪布料

◆將製作的紙型放到布片上。
請注意布料摺疊方法、紙型布紋
方向後配置。不可以移動到布片，
請小心裁剪。

如果家裡沒有大桌子，
請移動到較寬的地方製作。

布片的織紋方向。（←→）
布紋方向對齊紙型箭頭方向放置。

先全部放上紙型，
再來考慮配置。

剪布時請勿移動布料，
而是移動身體配合裁剪。

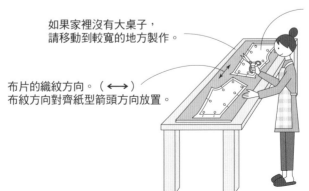

P2-1　　P3-2

No.1材料		90cm尺寸	100cm尺寸	110cm尺寸	120cm尺寸	130cm尺寸
表布（平紋織布）	寬110cm	120cm	120cm	130cm	140cm	140cm
黏著襯（FV-2N）	寬112cm	20cm	20cm	20cm	20cm	20cm
釦子	直徑1cm	1個	1個	1個	1個	1個
鬆緊帶	寬0.7cm	70cm	70cm	80cm	80cm	80cm
完成尺寸						
身長		40.5cm	42.5cm	45cm	46.5cm	49.5cm
胸圍		72cm	76cm	80cm	84cm	88cm

No.2材料		S	M	L
表布（平紋織布）	寬110cm幅	210cm	220cm	220cm
黏著襯（FV-2N）	寬112cm	20cm	20cm	20cm
釦子	直徑1cm	1個	1個	1個
鬆緊帶				
身長		57cm	59.5cm	62.5cm
胸圍		99cm	106cm	113cm

總共五種尺寸
從上至下

90cm尺寸
100cm尺寸
110cm尺寸
120cm尺寸
130cm尺寸

只有一個尺寸時
代表尺寸共通

關於紙型

★原寸紙型：No.1使用A面1。
　　　　　No.2使用A面2。

＊使用紙型：前・後身片・前領貼邊・後領貼邊・袖子
＊布環・No.2並沒有紙型。
　直線部分可以直接在布料裁剪。
＊紙型・製圖未含縫份。

總共三種尺寸
從上至下

S尺寸
M尺寸
L尺寸

只有一個尺寸時
代表尺寸共通

No.1紙型　　　　　　　　　　　　　　　　　　　　**No.2紙型・製圖**

　＝原寸紙型

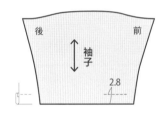

布環・寬度（↗）＝0.5cm

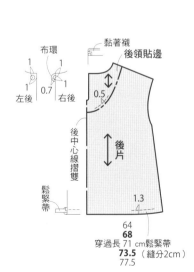

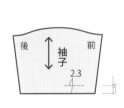

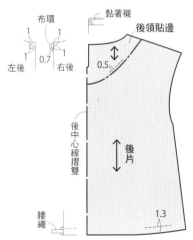

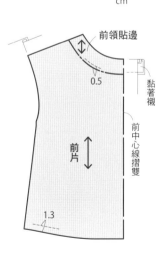

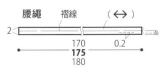

35

No.2 表布裁布圖　　　No.1 表布裁布圖　　　製作方法　※參考裁布圖貼上黏著襯，
從肩線、脇線、前、後領圍貼邊、
袖下線進行Z字形車縫後開始車縫。

▨=黏著襯位置

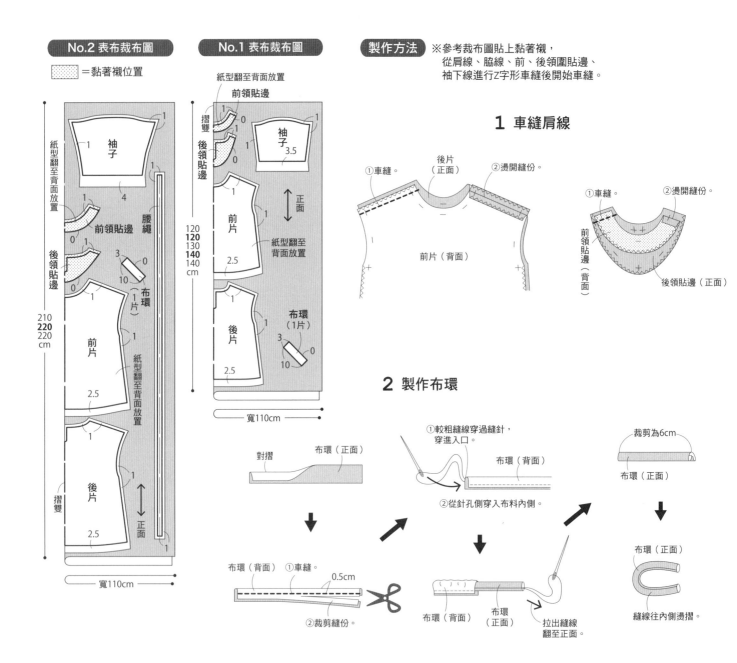

1 車縫肩線

2 製作布環

3 領圍接縫貼邊、布環

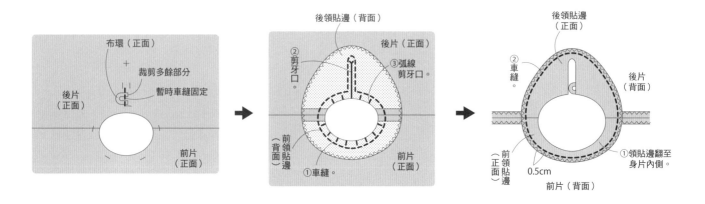

4 接縫袖子

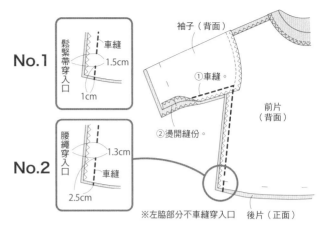

② 縫份兩片一起進行Z字形車縫。
① 車縫。
前片（背面）
袖子（背面）
正面 後片
縫份倒向身片側
前片（正面）
後片（正面）
袖子（正面）

5 從袖下線車縫至脇邊線

No.1
鬆緊帶穿入口
車縫
1.5cm
1cm

No.2
腰繩穿入口
1.3cm
車縫
2.5cm

袖子（背面）
① 車縫。
② 燙開縫份。
前片（背面）
※左脇部分不車縫穿入口
後片（正面）

6 車縫袖口

No.1
1cm
2.5cm 2.3cm

No.2
1cm
3cm 2.8cm

袖子（正面）
三摺邊車縫

7 車縫下襬線

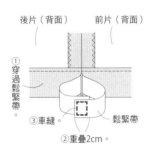

1.3cm
1cm
1.5cm

後片（正面）
前片（正面）
② 三摺邊車縫。
① 燙開縫份。

8 縫上釦子

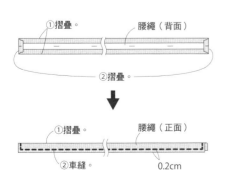

接縫釦子
後片（正面）

9 下襬穿過鬆緊帶（只有 No.1）

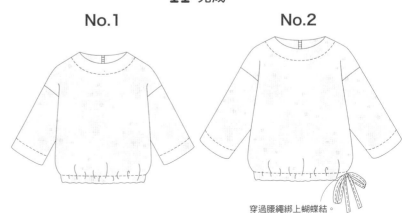

後片（背面）
前片（背面）
① 穿過鬆緊帶
③ 車縫。
鬆緊帶
② 重疊2cm。

10 製作腰繩（只有 No.2）

① 摺疊。
腰繩（背面）
② 摺疊。

① 摺疊。
腰繩（正面）
② 車縫。
0.2cm

11 完成

No.1

No.2

穿過腰繩綁上蝴蝶結。

P.4-3

No.3材料		90cm尺寸	100cm尺寸	110cm尺寸	120cm尺寸	130cm尺寸
表布（格紋布）	寬110cm	90cm	90cm	100cm	100cm	100cm
別布（Broad）	寬110cm	30cm	30cm	30cm	30cm	30cm
黏著襯（FV-2N）	寬112cm	20cm	20cm	20cm	20cm	20cm
釦子	直徑1cm	1個	1個	1個	1個	1個
斜布條（二摺）	寬1.27cm	70cm	70cm	70cm	70cm	80cm
完成尺寸						
身長		36cm	37.8cm	40cm	41.3cm	43.9cm
胸圍		72cm	76cm	80cm	84cm	88cm

P4-4

No.4材料		S	M	L
表布（格紋布）	寬110cm	120cm	130cm	130cm
別布（Broad）	寬110cm	50cm	50cm	50cm
黏著襯（FV-2N）	寬112cm	20cm	20cm	20cm
釦子	直徑1cm	1個	1個	1個
斜布條（二摺）	寬1.27cm	100cm	100cm	110cm
完成尺寸				
身長		52.7cm	55cm	57.8cm
胸圍		99cm	106cm	113cm

總共五種尺寸
從上到下

90cm尺寸
100cm尺寸
110cm尺寸
120cm尺寸
130cm尺寸

只有一個尺寸時
代表尺寸共通

總共三種尺寸
從上到下

S尺寸
M尺寸
L尺寸

只有一個尺寸時
代表尺寸共通

關於紙型

★原寸紙型：No.3使用A面3。
　　　　　　No.4使用A面4。

* 使用紙型：前・後身片・前領貼邊・後領貼邊
　　　　　　前下襬貼邊・後下襬貼邊
* 布環沒有紙型。
* 紙型・製圖未含縫份。

⬭ ＝原寸紙型

No.3紙型

黏著襯
布環
1　1
0.7
1
左後　右後
後領貼邊
0.5
後中心線摺雙
後片
0.2

布環寬度（↗）＝0.5cm

斜布條
前領貼邊
0.5
黏著襯
前中心線摺雙
前片
0.2

No.4紙型

黏著襯
布環
1　1
0.7
1
左後　右後
後領貼邊
0.5
後中心線摺雙
後片
後下襬貼邊
0.2

斜布條
前領貼邊
0.5
黏著襯
前片
前中心線摺雙
前下襬貼邊
0.2

No.3表布裁布圖

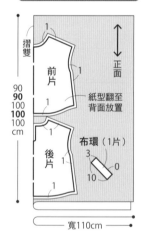

摺雙
前片 1
正面
90 90 100 100 100 cm
紙型翻至背面放置
後片
布環（1片）
3　0
10
寬110cm

No.4表布裁布圖

摺雙
前片 1
正面
120 130 130 cm
紙型翻至背面放置
後片
布環（1片）
3　0
10
寬110cm

⬚ ＝黏著襯位置

No.3別布裁布圖

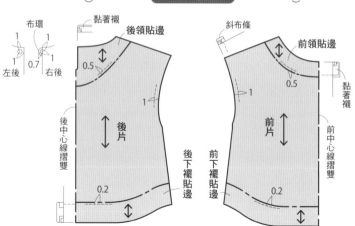

摺雙
前下襬貼邊
前領貼邊
正面
30 cm
後下襬貼邊
後領貼邊
寬110cm

No.4別布裁布圖

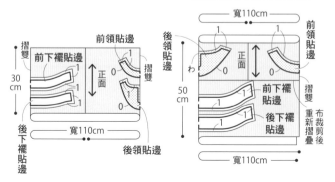

寬110cm
後領貼邊
前領貼邊
正面
わ
摺雙
前下襬貼邊
後下襬貼邊
50 cm
布裁剪後重新摺疊
寬110cm

38

製作方法 ※參考裁布圖在指定位置上貼上黏著襯，肩線、脇線、前後領圍貼邊進行Z字形車縫後再車縫。

4 斜布條對齊袖襱弧度

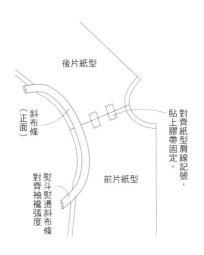

5 袖襱車縫斜布條

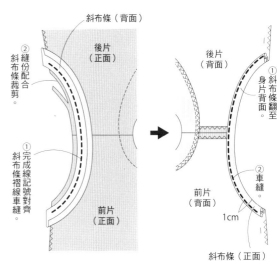

1 車縫肩線（參考P.36）

2 製作布環（參考P.36）

3 領圍接縫貼邊、布環
（參考P.36）

6 車縫脇邊線

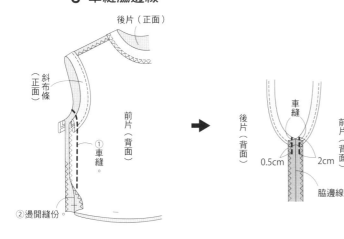

7 製作下襬貼邊

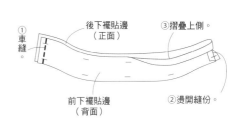

8 車縫下襬線

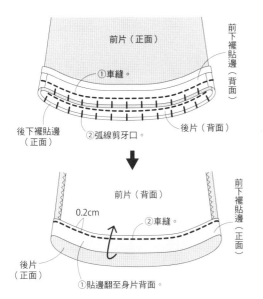

9 縫上釦子（參考P.37）

10 完成

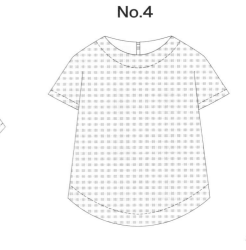

No.3

No.4

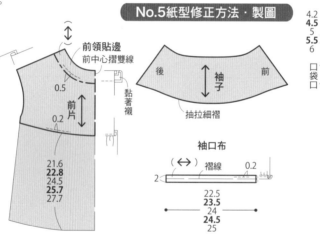
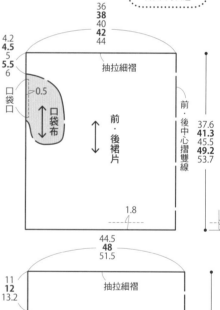
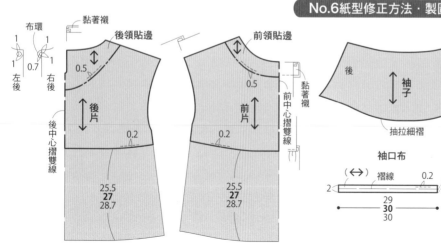
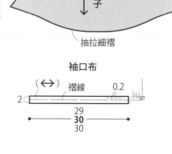
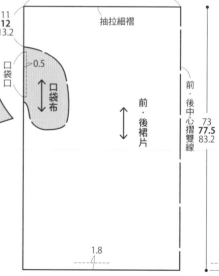

No.5材料		90cm尺寸	100cm尺寸	110cm尺寸	120cm尺寸	130cm尺寸
表布（亞麻布）	寬105cm	150cm	160cm	170cm	180cm	190cm
別布（Broad）	寬110cm	20cm	20cm	20cm	20cm	20cm
黏著襯（FV-2N）	寬112cm	20cm	20cm	20cm	20cm	20cm
釦子	直徑1.15cm	1個	1個	1個	1個	1個
完成尺寸						
身長		56.5cm	61cm	66cm	70cm	75.5cm
胸圍		72cm	76cm	80cm	84cm	88cm

No.6材料		S	M	L
表布（亞麻布）	寬105cm	290cm	300cm	320cm
別布（Broad）	寬110cm	20cm	20cm	20cm
黏著襯（FV-2N）	寬112cm	20cm	20cm	20cm
釦子	直徑1.15cm	1個	1個	1個
完成尺寸				
身長		104.5cm	110cm	117cm
胸圍		99cm	106cm	113cm

總共五種尺寸
從上至下
90cm尺寸
100cm尺寸
110cm尺寸
120cm尺寸
130cm尺寸
只有一個尺寸時
代表尺寸共通

總共三種尺寸
從上至下
S尺寸
M尺寸
L尺寸
只有一個尺寸時
代表尺寸共通

關於紙型

★原寸紙型：No.5前後片應用A面1、袖子・口袋布使用A面5。
　　　　　No.6前後片應用A面2、袖子・口袋布使用A面6。

＊使用紙型：前・後身片・前領貼邊・後領貼邊・袖子・口袋布
＊裙子・袖口布・布環並沒有紙型。直線部分可以直接在布料裁剪。
＊前後裙子使用同樣製圖。
＊紙型・製圖未含縫份。
＊紙型修正方法…前後片身長變短。

⬭ ＝原寸紙型

No.5紙型修正方法・製圖

布環　　黏著襯　　後領貼邊
1　1
1　0.7　1
左後　右後
0.5
0.2
後片
後中心摺雙線
21.6
22.8
24.5
25.7
27.7

布環寬（↙）＝0.5cm

前領貼邊
前中心摺雙線
0.5
0.2
前片
黏著襯
21.6
22.8
24.5
25.7
27.7

後　袖子　前
抽拉細褶

袖口布
（↔）摺線　0.2
2
22.5
23.5
24
24.5
25

36
38
40
42
44

4.2
4.5
5
5.5
6

抽拉細褶

0.5
口袋口
口袋布

前・後裙片

前・後中心摺雙線
37.6
41.3
45.5
49.2
53.7

1.8
44.5
48
51.5

No.6紙型修正方法・製圖

布環　　黏著襯
1　1
1　0.7　1
左後　右後
0.5
0.2
後片
後中心摺雙線
25.5
27
28.7

後領貼邊

前領貼邊
0.2
前片
黏著襯
前中心摺雙線
25.5
27
28.7

後　袖子　前
抽拉細褶

袖口布
（↔）摺線　0.2
2
29
30
30

11
12
13.2

抽拉細褶

0.5
口袋口
口袋布

前・後裙片

前・後中心摺雙線
73
77.5
83.2

1.8

寬105cm

摺雙 | 摺雙

後片　前片

（布環1片）

布環

3　0
10

布裁剪後重新摺疊

袖子　1

正面

150
160
170
180
190
cm

前裙片

3

袖口布　1

後裙片

3

寬105cm

▨ ＝黏著襯黏貼位置

（↕・正面）

摺雙 | 摺雙

後領貼邊　前領貼邊

0

20
cm

寬110cm

（↕・正面）

摺雙 | 摺雙

後領貼邊　前領貼邊

0　0

20
cm

寬110cm

摺雙

前片

1

口袋布　1

後片　1

布環（1片）

3　0
10

袖子　1

袖子　1

袖口布

1

紙型裁剪後重新摺疊

正面

前裙片

3

290
300
320
cm

後裙片

3

寬105cm

※參考裁布圖在指定位置上貼上黏著襯，
肩線、前・後裙脇線、前・後領圍貼邊、
袖下線、口袋布進行Z字形車縫後再車縫。

1 車縫肩線

①車縫。　後片（正面）　②燙開縫份。

前片（背面）

①車縫。　②燙開縫份。

前領圍貼邊（背面）　後領圍貼邊（正面）

2 製作布環

對摺　布環（正面）

布環（背面）　①車縫。　0.5cm

②裁剪縫份。

①粗縫線穿過縫針穿進入口。

布環（背面）

②從針孔側穿入布料內側。

布環（背面）　布環（正面）　拉出縫線翻至正面

裁剪6cm

布環（正面）

布環（正面）

縫線朝內側熨燙摺疊。

41

3 領圍接縫貼邊、布環

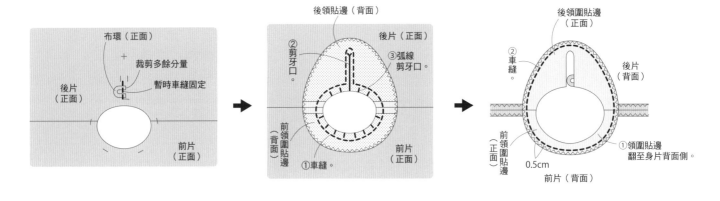

4 製作袖子

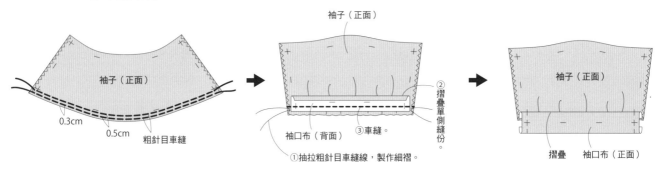

5 接縫袖子

6 從袖下車縫至脇邊線

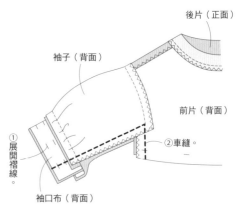

7 車縫袖口布

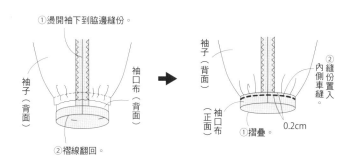

①燙開袖下到脇邊縫份。
袖子（背面）
袖口布（背面）
②褶線翻回。

袖子（背面）
袖口布（正面）
①摺疊。
0.2cm
②縫份置入內側車縫。

8 身片作上合印記號

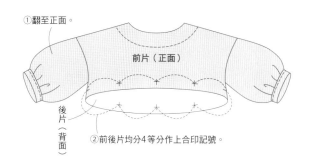

①翻至正面。
前片（正面）
後片（背面）
②前後片均分4等分作上合印記號。

9 車縫裙片脇邊 並製作口袋布（參考 P.32）

10 製作裙子

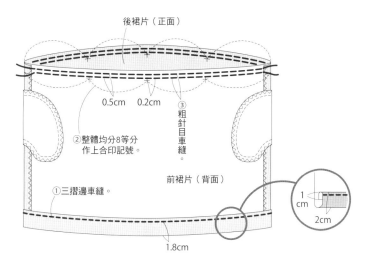

後裙片（正面）
0.5cm　0.2cm
②整體均分8等分作上合印記號。
③粗針目車縫。
前裙片（背面）
①三摺邊車縫。
1.8cm
1cm
2cm

11 身片和裙片接縫

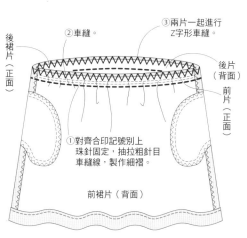

②車縫。
③兩片一起進行Z字形車縫。
後裙片（正面）
後片（背面）
前片（正面）
①對齊合印記號別上珠針固定，抽拉粗針目車縫線，製作細褶。
前裙片（背面）

12 縫上釦子

②縫上釦子。
後片（正面）
0.2cm
①縫份倒向身片側車縫一圈。

13 完成

No.5

No.6

P.8-7

材料		90cm尺寸	100cm尺寸	110cm尺寸	120cm尺寸	130cm尺寸
布（印花布）	寬110cm	170cm	180cm	190cm	200cm	200cm
黏著襯（FV-2N）	寬112cm	20cm	20cm	20cm	20cm	20cm
釦子	直徑1cm	1個	1個	1個	1個	1個
完成尺寸						
身長		53.5cm	57.5cm	62cm	65.5cm	70.5cm
胸圍		72cm	76cm	80cm	84cm	88cm

關於紙型

★原寸紙型：前後片應用A面1、口袋布使用A面5。

＊使用紙型：前‧後身片‧前領貼邊‧後領貼邊‧口袋布
＊袖荷葉邊‧裙子‧布環並沒有紙型。
　直線部分可以直接在布料裁剪。
＊前後裙子使用同樣製圖。
＊紙型‧製圖未含縫份。
＊紙型修正方法…前後片身長變短。

總共五種尺寸
從上至下
90cm尺寸
100cm尺寸
110cm尺寸
120cm尺寸
130cm尺寸
只有一個尺寸時
代表尺寸共通

⬭ ＝原寸紙型

紙型修正方法‧製圖

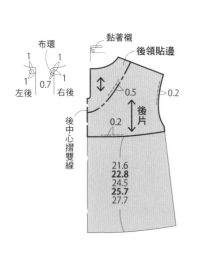

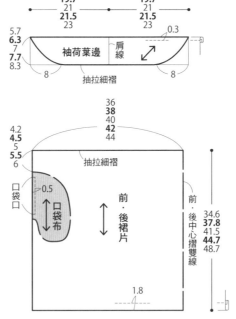

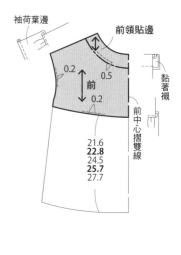

表布裁布圖　▨＝黏著襯位置

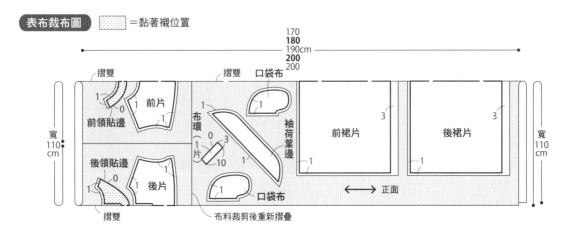

44

製作方法 ※參考裁布圖在指定位置上貼上黏著襯，
肩線、前·後片、裙子脇線、前·後領圍貼邊、
口袋布進行Z字形車縫後再車縫。

1 車縫肩線（參考P.41）

2 製作布環（參考P.41）

3 領圍接縫貼邊、布環（參考P.42）

4 製作袖荷葉邊

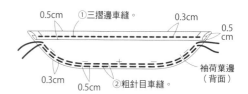

①三摺邊車縫。
0.5cm
0.3cm
0.5cm
0.3cm
0.5cm
②粗針目車縫。
袖荷葉邊（背面）

5 製作袖荷葉邊

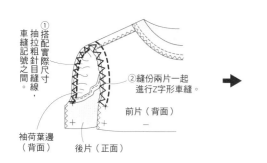

①搭配實際尺寸抽拉粗針目縫線，車縫記號之間。
②縫份兩片一起進行Z字形車縫。
前片（背面）
袖荷葉邊（背面）
後片（正面）

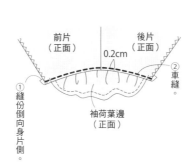

前片（正面）
後片（正面）
0.2cm
①縫份倒向身片側。
②車縫
袖荷葉邊（正面）

6 車縫脇邊線

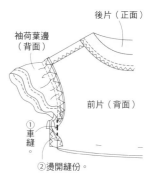

後片（正面）
袖荷葉邊（背面）
前片（背面）
①車縫
②燙開縫份。

7 身片作上合印記號

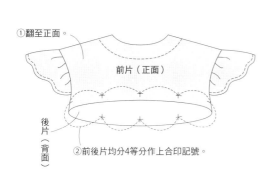

①翻至正面。
前片（正面）
後片（背面）
②前後片均分4等分作上合印記號。

8 車縫裙片脇邊並製作口袋布（參考P.32）

9 製作裙子

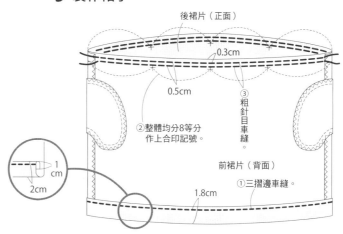

後裙片（正面）
0.3cm
0.5cm
③粗針目車縫。
②整體均分8等分作上合印記號。
前裙片（背面）
①三摺邊車縫。
1cm
2cm
1.8cm

10 身片和裙片接縫

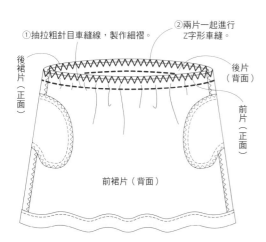

①抽拉粗針目車縫線，製作細褶。
②兩片一起進行Z字形車縫。
後裙片（正面）
後片（背面）
前片（正面）
前裙片（背面）

11 縫上釦子

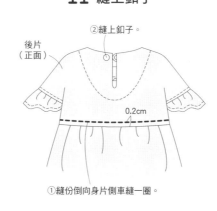

②縫上釦子。
後片（正面）
0.2cm
①縫份倒向身片側車縫一圈。

12 完成

P.9-8　　　P.9-9

No.8材料		
表布（印花布）	寬80cm	30cm
鬆緊帶	寬1cm	20cm

No.9材料		
表布（平紋布）	寬100cm	40cm
鬆緊帶	寬1.5cm	20cm

關於紙型

★原寸紙型：未附紙型。

＊直線部分可以直接在布料裁剪。
＊製圖未含縫份。
＊布料均有說明布幅寬度，
　和一般店面賣的布幅寬度不一樣。

No.8製圖

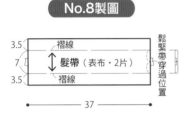

3.5 褶線
7 髮帶（表布·2片）
3.5 褶線
鬆緊帶穿過位置
37

No.9製圖

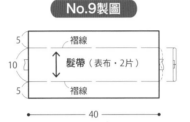

5 褶線
10 髮帶（表布·2片）
5 褶線
40

No.8表布裁布圖

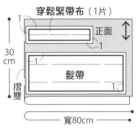

穿鬆緊帶布（1片）
正面
30 cm
髮帶
摺雙
寬80cm

穿鬆緊帶布（表布·1片）
穿過13cm鬆緊帶（含縫分2cm）
褶線
鬆緊帶
4
24

穿鬆緊帶布（表布·1片）
穿過15cm鬆緊帶
（含縫分2cm）
褶線
鬆緊帶
6
40

※鬆緊帶請配合頭圍尺寸作調整。

No.9表布裁布圖

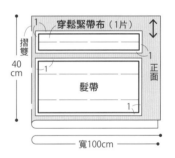

穿鬆緊帶布（1片）
摺雙
40 cm
髮帶
正面
寬100cm

製作方法

1 製作髮帶

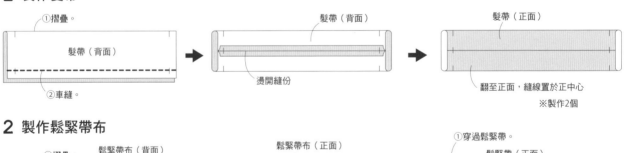

①摺疊。
髮帶（背面）
②車縫。

髮帶（背面）
燙開縫份

髮帶（正面）
翻至正面，縫線置於正中心
※製作2個

2 製作鬆緊帶布

①摺疊。
鬆緊帶布（背面）
②車縫。

鬆緊帶布（正面）
翻至正面

①穿過鬆緊帶。
鬆緊帶（正面）
0.5cm
②暫時車縫固定。

3 髮帶交叉

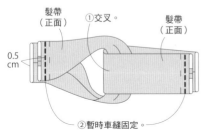

髮帶（正面）
①交叉。
髮帶（正面）
0.5 cm
②暫時車縫固定。

4 接縫髮帶和鬆緊帶布

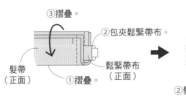

③摺疊。
②包夾鬆緊帶布。
髮帶（正面）
鬆緊帶布（正面）
①摺疊。

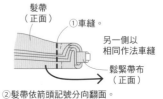

髮帶（正面）
①車縫。
另一側以相同作法車縫
鬆緊帶布（正面）
②髮帶依箭頭記號分向翻面。

5 完成

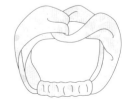

P.10-10　P.11-11

No.10材料		90cm尺寸	100cm尺寸	110cm尺寸	120cm尺寸	130cm尺寸
表布（Broad）	寬110cm	170cm	180cm	190cm	200cm	210cm
斜布條（二摺）	寬1.27cm	50cm	50cm	50cm	60cm	60cm
釦子	直徑1cm	1個	1個	1個	1個	1個
完成尺寸						
身長		56cm	60.5cm	65cm	69cm	74.5cm
胸圍		75.2cm	79.8cm	84.4cm	88.8cm	93.4cm

No.11材料		S	M	L
表布（Broad）	寬110cm	360cm	380cm	400cm
斜布條（二摺）	寬1.27cm	70cm	70cm	70cm
釦子	直徑1cm	1個	1個	1個
完成尺寸				
身長		104cm	109.5cm	116.5cm
胸圍		109.6cm	117cm	124.2cm

關於紙型

★原寸紙型：No.10使用B面10。
　　　　　　No.11使用B面11。

＊使用紙型：前・後身片・前下襬貼邊・後下襬貼邊・袖子・口袋布
＊布環沒有紙型。
＊11的M・L尺寸的後片紙型分成兩張，請對齊合印記號裁剪使用。
＊紙型・製圖未含縫份。

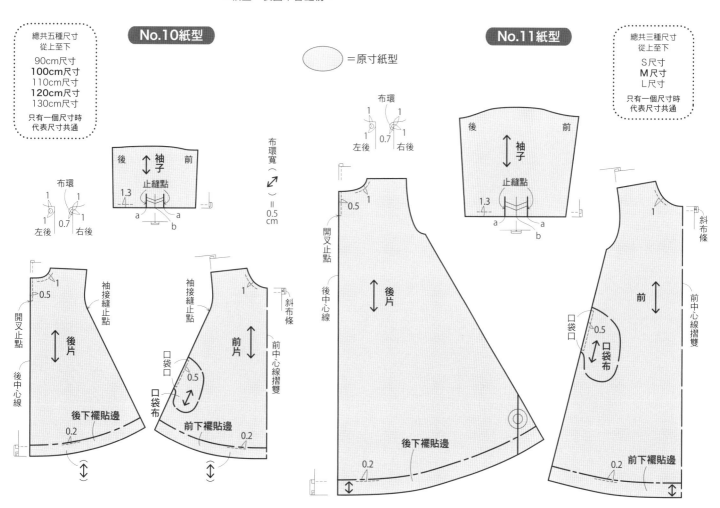

47

製作方法

※肩線、脇線、後中心線、袖下線、口袋布
進行Z字形車縫後再車縫。

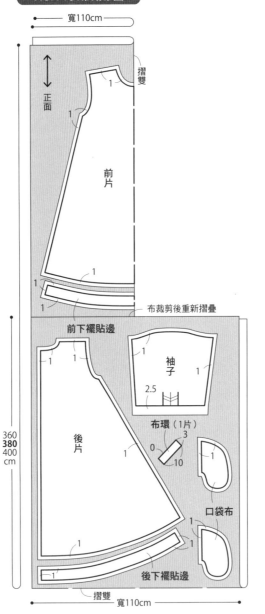

寬110cm

正面

2.5

袖子

1

口袋布

1

口袋布

前片

1

170
180
190
200
210
cm

前下襬貼邊

布環
（1片）

3
0
10

後片

1

後下襬貼邊

寬110cm

寬110cm

正面

1

摺雙

1

前片

1

布裁剪後重新摺疊

前下襬貼邊

1

袖子

2.5

布環（1片）

3
0
10

360
380
400
cm

後片

1

口袋布

1

後下襬貼邊

摺雙　寬110cm

1 車縫後中心線

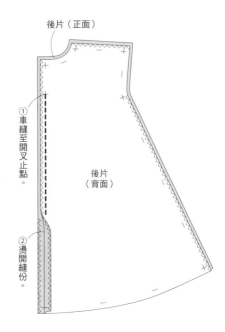

後片（正面）

① 車縫至開叉止點。

② 燙開縫份。

後片
（背面）

2 車縫開叉

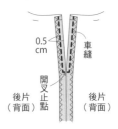

0.5
cm

車縫

開叉止點

後片
（背面）

後片
（背面）

3 車縫肩線

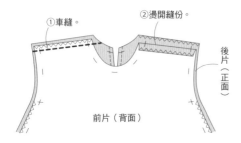

① 車縫。

② 燙開縫份。

後片
（正面）

前片（背面）

4 斜布條對齊領圍

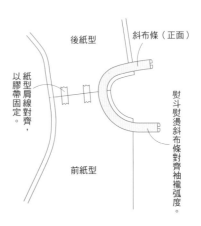

後紙型

斜布條（正面）

紙型肩線對齊，以膠帶固定。

前紙型

熨斗熨燙斜布條對齊袖襱弧度。

5 製作布環（參考P.36）
6 車縫領圍

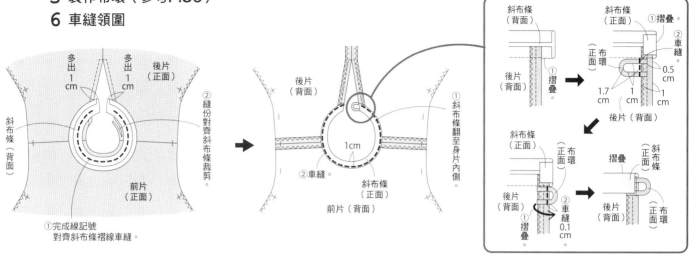

（左圖）

多出1cm　多出1cm

後片（正面）

斜布條（背面）

②縫份對齊斜布條裁剪。

前片（正面）

①完成線記號對齊斜布條褶線車縫。

（中圖）

後片（背面）

1cm

②車縫。

斜布條（正面）

前片（背面）

①斜布條翻至身片內側。

（右上框內）

斜布條（背面）

斜布條（正面）

①摺疊。

後片（背面）

①摺疊

正面　布環　0.5cm

②車縫

1.7cm　1cm　1cm

後片（背面）

斜布條（正面）

正面　布環

後片（背面）

①摺疊

②車縫0.1cm

摺疊　斜布條（正面）

後片（背面）　正面　布環

7 製作袖子

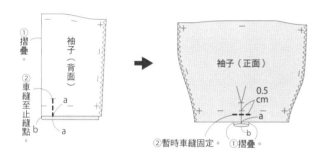

①摺疊。

袖子（背面）

②車縫至止縫點。

b　a

②暫時車縫固定。

袖子（正面）

0.5cm

a

①摺疊。

b

8 接縫袖子

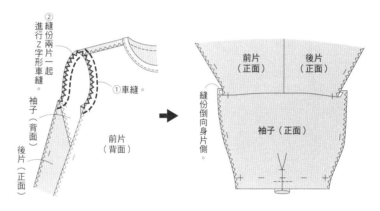

②縫份兩片一起進行Z字形車縫。

①車縫。

袖子（背面）

後片（正面）

前片（背面）

前片（正面）　後片（正面）

縫份倒向身片側。

袖子（正面）

9 接縫口袋布

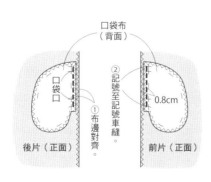

口袋布（背面）

口袋口

①布邊對齊。

後片（正面）

②記號至記號車縫。

0.8cm

前片（正面）

10 車縫袖下線至脇邊線、製作口袋布

後片（正面）

袖子（背面）

車縫

口袋布（背面）

口袋布（正面）

前片（背面）

預留口袋口

注意不要車縫到口袋布

※口袋布作法參考P.32

11 車縫袖口

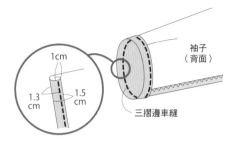

1cm
1.3cm
1.5cm
三摺邊車縫
袖子（背面）

12 製作下襬貼邊

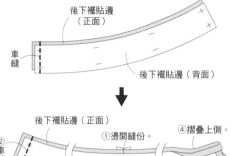

後下襬貼邊（正面）
車縫
後下襬貼邊（背面）

②車縫
①燙開縫份。
④摺疊上側。
前下襬貼邊（背面）
③燙開縫份。

13 車縫下襬線

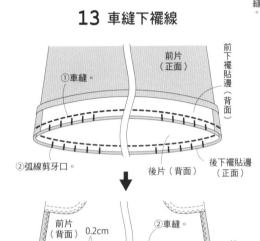

①車縫。
前片（正面）
前下襬貼邊（背面）
②弧線剪牙口。
後片（背面）
後下襬貼邊（正面）

①貼邊翻至身片內側。
前片（背面）
0.2cm
②車縫。
後片（正面）
前下襬貼邊（正面）

14 縫上釦子

縫上釦子
後片（正面）

15 完成

No.10

No.11

P.14-14	P.14-15

No.14材料		S	M	L
表布（麻刺繡布）	寬110cm	160cm	160cm	170cm
別布（平紋織布）	寬108cm	60cm	60cm	60cm
斜布條（二摺）	寬1.27cm	150cm	160cm	170cm
釦子	直徑1cm	1個	1個	1個
完成尺寸				
前長		54cm	56.5cm	59.5cm
胸圍		109.6cm	117cm	124.2cm

No.15材料		90cm尺寸	100cm尺寸	110cm尺寸	120cm尺寸	130cm尺寸
表布（麻刺繡布）	寬110cm	90cm	100cm	100cm	100cm	110cm
別布（平紋織布）	寬108cm	30cm	30cm	30cm	30cm	30cm
斜布條（二摺）	寬1.27cm	110cm	110cm	120cm	120cm	120cm
釦子	直徑1cm	1個	1個	1個	1個	1個
完成尺寸						
前長		34.8cm	36.5cm	38.5cm	39.5cm	42cm
胸圍		75.2cm	79.8cm	84.4cm	88.8cm	93.4cm

★原寸紙型：No.14使用B面14。
　　　　　No.15使用B面15。

＊使用紙型：前・後身片・前下襬貼邊・後下襬貼邊・NO14.脇布
＊布環沒有紙型。
＊紙型・製圖未含縫份。

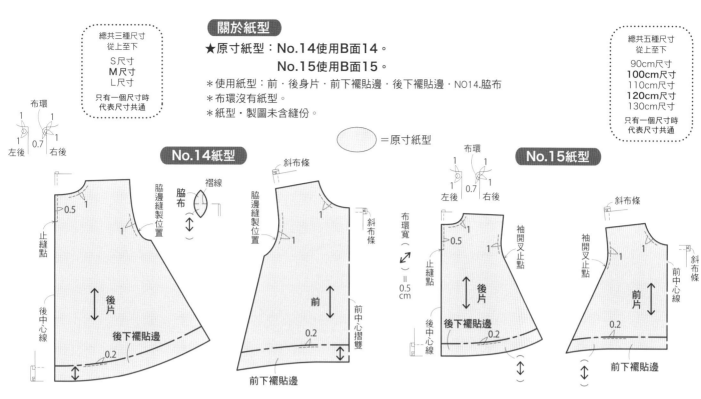

製作方法 ※肩線、脇線、後中心線進行Z字形車縫後再車縫。

No.14　No.15

製作方法參考P.52至P.53。
（步驟**10**省略）

P.13-12   P.13-13

No.12材料		90cm尺寸	100cm尺寸	110cm尺寸	120cm尺寸	130cm尺寸
表布（平紋織布）	寬110cm	140cm	150cm	160cm	170cm	180cm
釦子	直徑1cm	1個	1個	1個	1個	1個
斜布條（二摺）	寬1.27cm	110cm	110cm	120cm	120cm	120cm
完成尺寸						
身長		56cm	60.5cm	65cm	69cm	74.5cm
胸圍		75.2cm	79.8cm	84.4cm	88.8cm	93.4cm

No.13材料		S	M	L
表布（平紋織布）	寬110cm	360cm	370cm	400cm
釦子	直徑1cm	1個	1個	1個
斜布條（二摺）	寬1.27cm	150cm	160cm	170cm
完成尺寸				
身長		104cm	109.5cm	116.5cm
胸圍		109.6cm	117cm	124.2cm

⬭ ＝原寸紙型

關於紙型

★原寸紙型：No.12使用B面10。
　　　　　　No.13使用B面11。

＊使用紙型：前・後身片・前下襬貼邊・後下襬貼邊
　　　　　　口袋布・No.13脇布
＊布環沒有紙型。
＊紙型・製圖未含縫份。

製作方法

※肩線、脇線、後中心線、口袋布進行Z字形車縫後再車縫。

1 車縫後中心線（參考P.48）

2 車縫開叉止點（參考P.48）

3 車縫肩線（參考P.48）

4 斜布條對齊領圍線（參考P.48）

5 製作布環（參考P.36）

6 車縫領圍（參考P.49）

7 斜布條對齊袖襱線

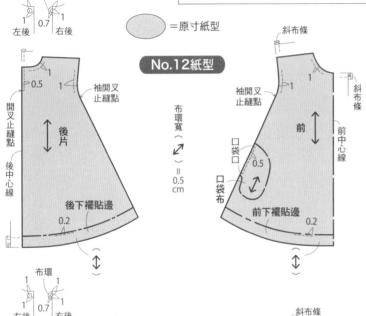

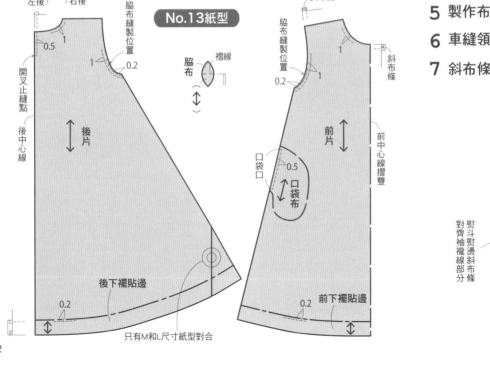

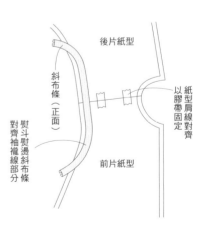

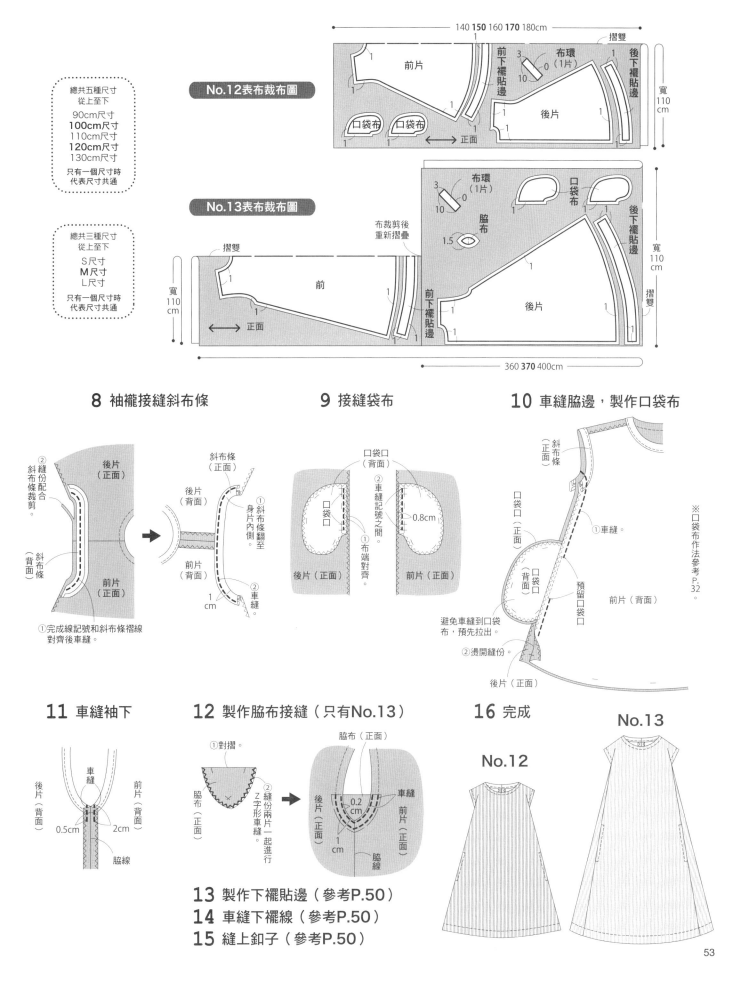

摺雙

No.12表布裁布圖

前片

前下襬貼邊

布環（1片）

3
10
0

1

後下襬貼邊

寬
110
cm

口袋布　口袋布

後片

1

1

1

← 正面 →

總共五種尺寸
從上至下
90cm尺寸
100cm尺寸
110cm尺寸
120cm尺寸
130cm尺寸
只有一個尺寸時
代表尺寸共通

No.13表布裁布圖

布環
（1片）

3
10
0

口袋
布

後下襬貼邊

脇布

1.5

布裁剪後
重新摺疊

摺雙

前

寬
110
cm

正面

前下襬貼邊

寬
110
cm

後片

1

摺雙

1

1

1

1

總共三種尺寸
從上至下
S尺寸
M尺寸
L尺寸
只有一個尺寸時
代表尺寸共通

360 **370** 400cm

8 袖襱接縫斜布條

②縫份配合斜布條裁剪。

後片
（正面）

斜布條
（背面）

前片
（正面）

①完成線記號和斜布條摺線
對齊後車縫。

斜布條
（正面）

後片
（背面）

①斜布條翻至身片內側。

前片
（背面）

1
cm

②車縫。

9 接縫袋布

口袋口
（背面）

②車縫記號之間。

0.8cm

口袋口

口袋口

後片（正面）

①布端對齊

前片（正面）

10 車縫脇邊，製作口袋布

斜布條
（正面）

口袋口
（正面）

①車縫。

口袋口
（背面）

①車縫。

預留口袋口

前片（背面）

避免車縫到口袋布，預先拉出。

②燙開縫份。

後片（正面）

※口袋布作法參考P.32。

11 車縫袖下

後片
（背面）

車縫

前片
（背面）

0.5cm

2cm

脇線

12 製作脇布接縫（只有No.13）

①對摺。

脇布
（正面）

②縫份兩片一起進行Z字形車縫。

脇布（正面）

後片
（正面）

0.2
cm

車縫

前片
（正面）

1
cm

脇線

13 製作下襬貼邊（參考P.50）

14 車縫下襬線（參考P.50）

15 縫上釦子（參考P.50）

16 完成

No.13

No.12

材料		90cm尺寸	100cm尺寸	110cm尺寸	120cm尺寸	130cm尺寸
表布（棉麻帆布）	寬110cm	130cm	130cm	140cm	150cm	160cm
別布（Broad）	寬110cm	20cm	20cm	20cm	20cm	20cm
黏著襯（FV-2N）	寬112cm	20cm	20cm	20cm	20cm	20cm
釦子	直徑1.15cm	1個	1個	1個	1個	1個
斜布條（二摺）	寬1.27cm	100cm	110cm	110cm	110cm	120cm
完成尺寸						
身長		49.5cm	53.5cm	58cm	61.5cm	66.5cm
胸圍		72cm	76cm	80cm	84cm	88cm

關於紙型

★原寸紙型：前後片使用A面1・後貼邊・領・口袋・裙子使用A面17。

＊使用紙型：前・後身片・後貼邊・領・口袋・前裙片・後裙片
＊布環沒有紙型。
＊紙型・製圖未含縫份。
＊紙型修正…前後身片變短。

表布裁布圖

▨＝貼上黏著襯位置

總共五種尺寸
從上至下

90cm尺寸
100cm尺寸
110cm尺寸
120cm尺寸
130cm尺寸

只有一個尺寸時
代表尺寸共通

紙型修正方法

◯＝原寸紙型

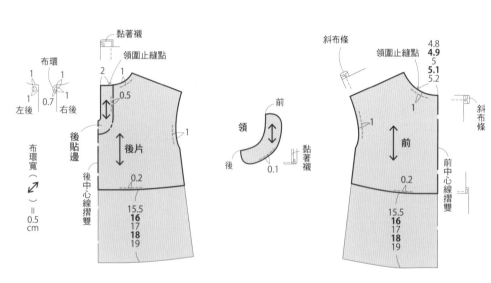

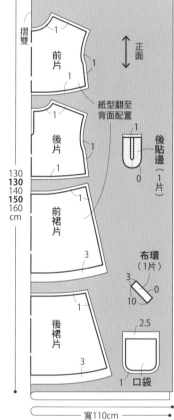

寬110cm

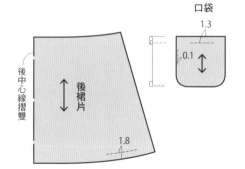

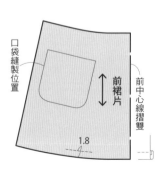

別布裁布圖

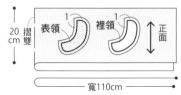

20cm

寬110cm

1 車縫肩線

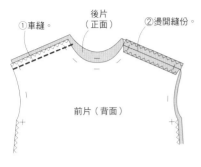

①車縫。
後片（正面）
②燙開縫份。
前片（背面）

2 斜布條對齊領圍

後紙型
斜布條（正面）
以紙型肩線對齊，以膠帶固定
前紙型
熨斗熨燙斜布條固定。

3 製作領子

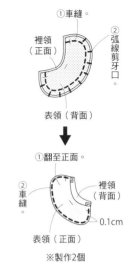

①車縫。
裡領（正面）
②弧線剪牙口。
表領（背面）

①翻至正面。
②車縫
裡領（背面）
表領（正面）
0.1cm
※製作2個

4 製作布環

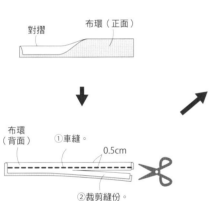

對摺
布環（正面）

布環（背面）
①車縫。
0.5cm
②裁剪縫份。

①粗縫線穿入縫針穿進入口。
布環（背面）
②從針孔側穿入布料內側。

布環（背面）
布環（正面）
拉出縫線翻至正面。

裁剪6cm
布環（正面）

布環（正面）
縫線朝內側熨燙固定

5 領圍接縫領子・布環

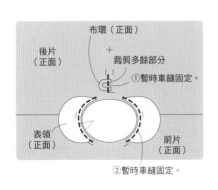

後片（正面）
布環（正面）
裁剪多餘部分
①暫時車縫固定。
表領（正面）
前片（正面）
②暫時車縫固定。

6 領圍接縫後貼邊・斜布條

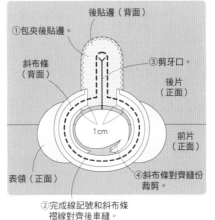

後貼邊（背面）
①包夾後貼邊。
斜布條（背面）
③剪牙口。
後片（正面）
1cm
前片（正面）
表領（正面）
②完成線記號和斜布條褶線對齊後車縫。
④斜布條對齊縫份裁剪

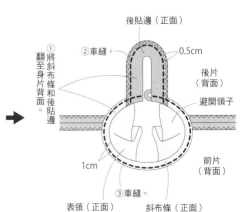

後貼邊（正面）
①將斜布條和後貼邊翻至身片背面。
②車縫。
0.5cm
後片（背面）
避開領子
1cm
③車縫。
表領（正面）
斜布條（正面）
前片（背面）

7 斜布條帶對齊袖襱弧度（參考P.39）

8 袖襱接縫斜布條（參考P.39）

9 車縫脇線

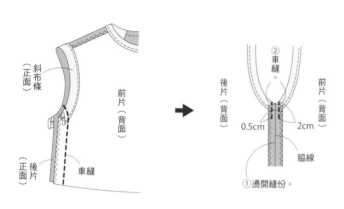

斜布條（正面）
前片（背面）
後片（正面）
車縫
②車縫
後片（背面）
前片（背面）
0.5cm
2cm
脇線
①燙開縫份。

10 製作口袋、接縫

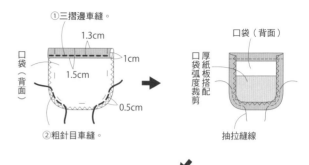

①三摺邊車縫。
1.3cm
1cm
口袋（背面）
1.5cm
0.5cm
②粗針目車縫。
口袋（背面）
厚紙板搭配口袋弧度裁剪
抽拉縫線

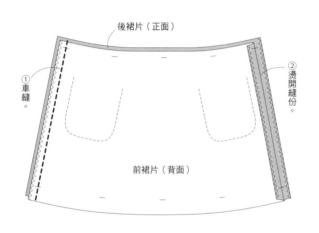

車縫
口袋（正面）
0.1cm
前裙片（正面）

11 製作裙片

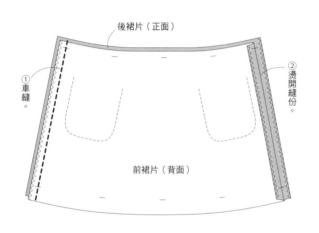

後裙片（正面）
①車縫。
②燙開縫份。
前裙片（背面）

12 車縫下襬線

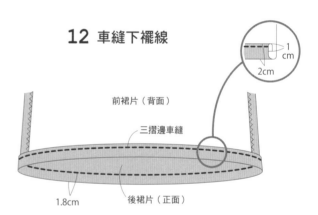

1cm
2cm
前裙片（背面）
三摺邊車縫
1.8cm
後裙片（正面）

13 身片和裙片接縫

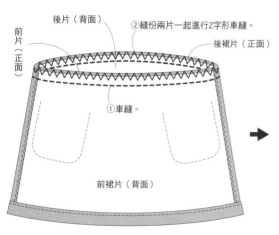

後片（背面）
②縫份兩片一起進行Z字形車縫。
前片（正面）
後裙片（正面）
①車縫。
前裙片（背面）

②縫上釦子。
後片（正面）
0.2cm
後裙片（正面）
①縫份倒向身片側車縫一圈。

14 完成

材料		90cm尺寸	100cm尺寸	110cm尺寸	120cm尺寸	130cm尺寸
表布（印花布）	寬110cm	100cm	110cm	120cm	120cm	130cm
別布（Broad）	寬110cm	30cm	30cm	30cm	30cm	30cm
釦子	直徑1cm	1個	1個	1個	1個	1個
斜布條（二摺）	寬1.27cm	50cm	50cm	50cm	60cm	60cm
完成尺寸						
身長		31.3cm	33cm	35cm	36cm	38.5cm
胸圍		75.2cm	79.8cm	84.4cm	88.8cm	93.4cm

關於紙型

★原寸紙型：應用B面10。

＊使用紙型：前・後身片・袖子

＊領荷葉邊・蝴蝶結A・B・C・布環沒有紙型。
　直線部分直接剪裁。

＊紙型・製圖未含縫份。

＊紙型修正…前後身片變短。

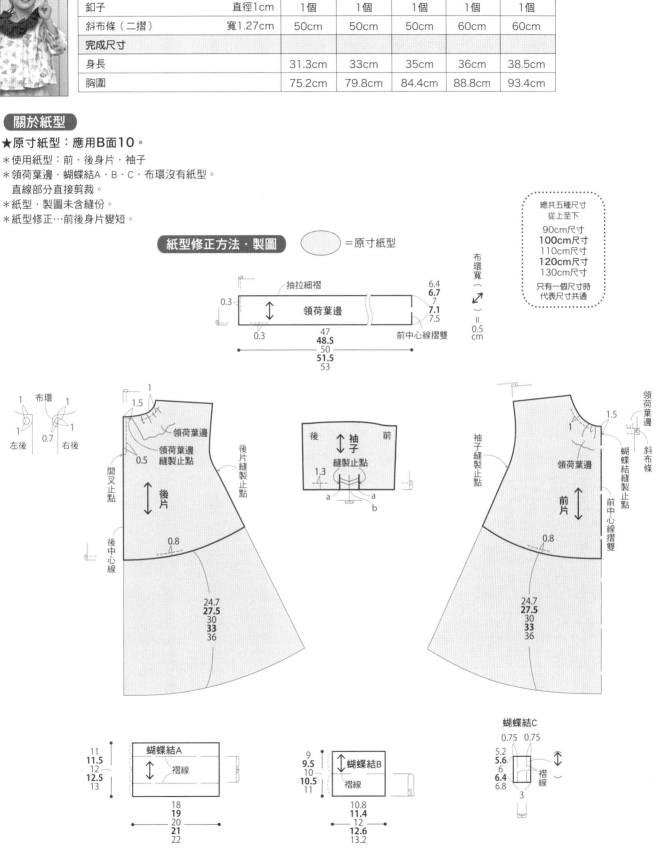

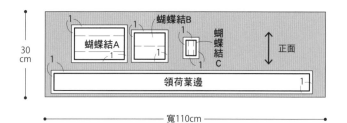

表布裁布圖

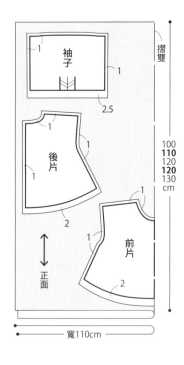

別布裁布圖

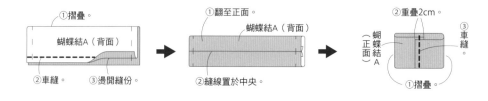

製作方法　※肩線、脇線、後中心線、袖下線進行Z字形車縫後再車縫。

1 製作蝴蝶結A

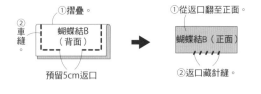

2 製作蝴蝶結B

3 製作蝴蝶結C

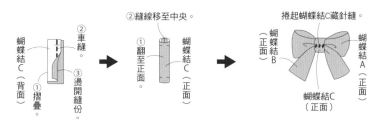

4 製作領荷葉邊

8 接縫領荷葉邊

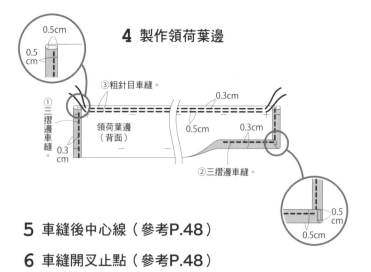

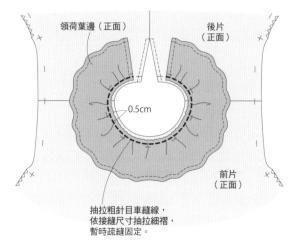

5 車縫後中心線（參考P.48）

6 車縫開叉止點（參考P.48）

7 車縫肩線（參考P.48）

9 斜布條對齊領圍弧度

10 製作布環（參考P.36）

11 車縫領圍

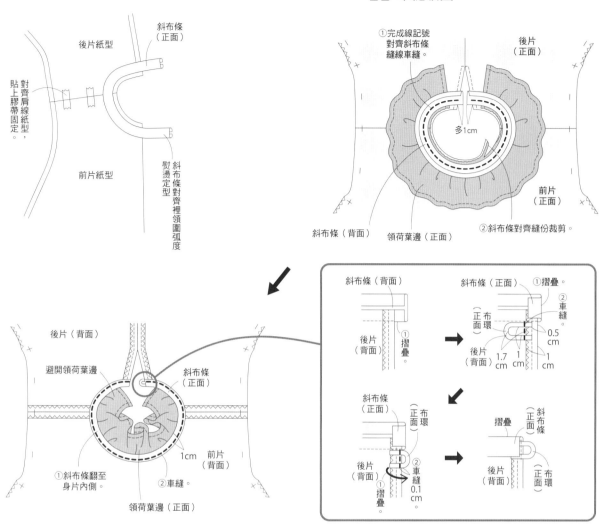

12 製作袖子（參考P.49）

13 接縫袖子（參考P.49）

14 從袖下車縫至脇線

15 車縫袖口（參考P.50）

16 車縫下襬線

17 縫上釦子（參考P.50）

18 完成

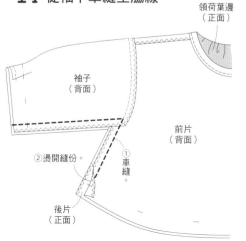

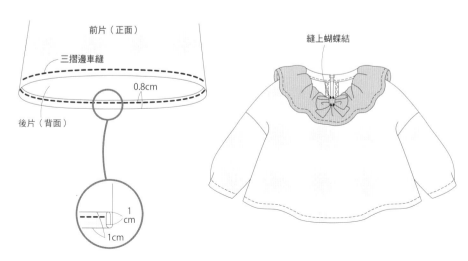

No.18材料		90cm尺寸	100cm尺寸	110cm尺寸	120cm尺寸	130cm尺寸
表布（摺皺格紋布）	寬112cm	150cm	160cm	170cm	180cm	190cm
黏著襯（FV-2N）	寬112cm	20cm	20cm	20cm	20cm	20cm
釦子	直徑1cm	9個	9個	9個	9個	9個
斜布條（二摺）	寬1.27cm	70cm	80cm	80cm	80cm	90cm
完成尺寸						
身長		54cm	58.5cm	63cm	67cm	72.5cm
胸圍		128cm	132cm	136cm	140cm	144cm

關於紙型

★原寸紙型：應用B面18。

＊使用紙型：領圍布・剪接布・前和後身片・口袋布

＊紙型未含縫份。

No.18紙型

= 原寸紙型

總共五種尺寸
從上至下

90cm尺寸
100cm尺寸
110cm尺寸
120cm尺寸
130cm尺寸

只有一個尺寸時
代表尺寸共通

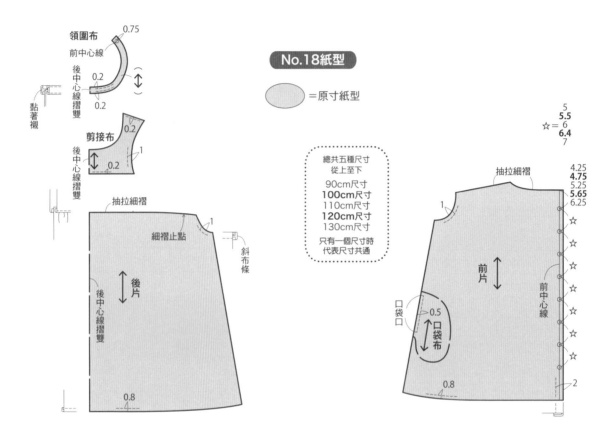

No.18表布裁布圖

= 黏著襯黏貼位置

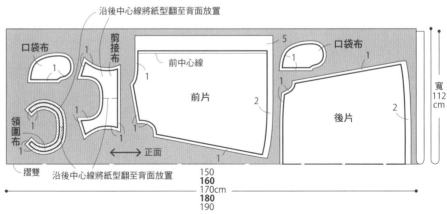

No.19材料		S	M	L
表布（皺褶格紋布）	寬112cm	420cm	440cm	450cm
黏著襯（FV-2N）	寬112cm	20cm	20cm	20cm
釦子	直徑1.15cm	11個	11個	11個
斜布條（二摺）	寬1.27cm	100cm	100cm	110cm
完成尺寸				
身長		104.5cm	110cm	117cm
胸圍		185cm	192cm	199cm

關於紙型

★原寸紙型：應用B面19。

＊使用紙型：領圍布・剪接布・前和後身片
　　　　　　口袋布

＊紙型未含縫份。

＊前片紙型分成兩片，依記號對齊使用。

No.19紙型　　　◯=原寸紙型

總共三種尺寸
從上至下
S尺寸
M尺寸
L尺寸
只有一個尺寸時
代表尺寸共通

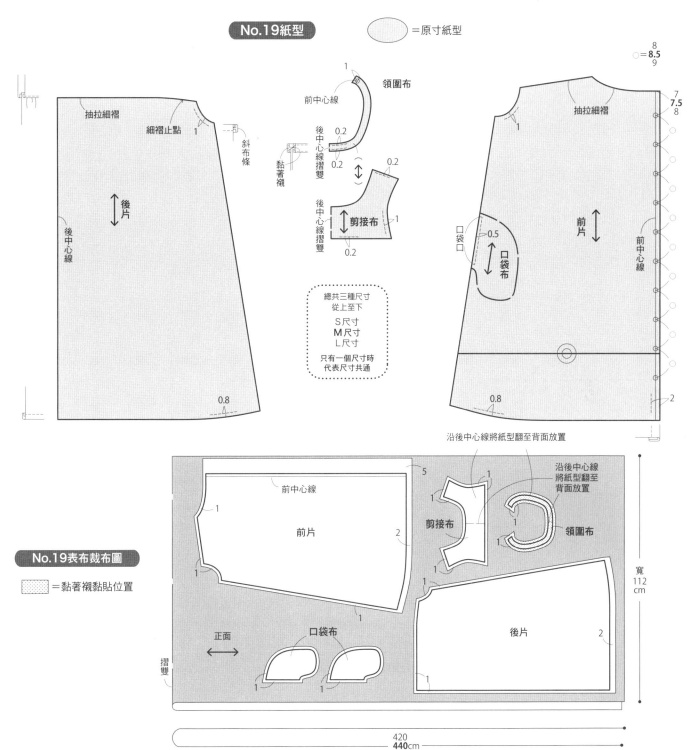

No.19表布裁布圖

▨=黏著襯黏貼位置

1 車縫後中心線 （只有No.19）

後片（正面）
① 車縫。
後片（背面）
② 燙開縫份

2 製作前片

② 粗針目車縫。
0.3cm
③ 粗針目車縫。
0.3cm
0.5 cm
0.5cm
2 cm
① 三摺邊車縫。
前片（背面）
2.5 cm
2.5cm

3 製作後片

至細褶止點為止以粗針目車縫
0.3cm
0.5cm
細褶止點
細褶止點
後片（正面）

4 製作裡剪接布

摺疊縫份
裡剪接布（背面）

5 接縫表剪接布和後片

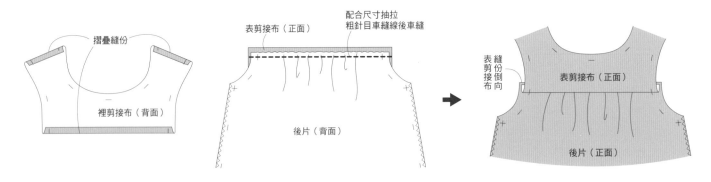

表剪接布（正面）
配合尺寸抽拉 粗針目車縫線後車縫
後片（背面）
表 縫 剪 份 接 倒 布 向
表剪接布（正面）
後片（正面）

6 接縫表剪接布和前片

配合尺寸抽拉 粗針目車縫線後車縫
表剪接布（正面）
表 縫 剪 份 接 倒 布 向
表剪接布（正面）
前片（背面）
前片（正面）

7 接縫表剪接布和裡剪接布

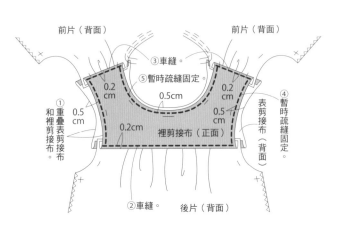

前片（背面）
前片（背面）
③ 車縫。
⑤ 暫時疏縫固定
0.2 cm
0.5cm
0.2 cm
① 重疊表剪接布和裡剪接布。
0.5 cm
0.5 cm
④ 暫時疏縫固定。
0.2cm
表剪接布（背面）
裡剪接布（正面）
② 車縫。
後片（背面）

※另一側也依相同方法車縫。

8 製作領圍布

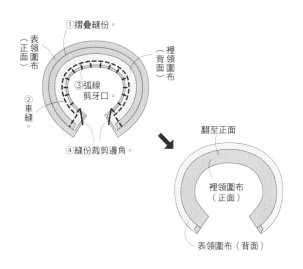

①摺疊縫份。
表領圍布（正面）
裡領圍布（背面）
③弧線剪牙口。
②車縫。
④縫份裁剪邊角。

翻至正面
裡領圍布（正面）
表領圍布（背面）

9 接縫領圍布

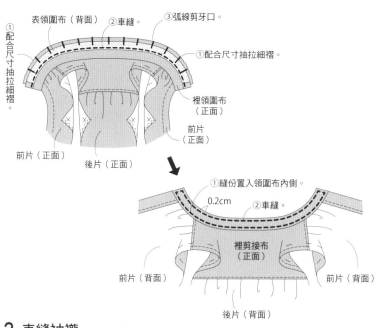

①配合尺寸抽拉細褶。
表領圍布（背面）
②車縫。
③弧線剪牙口。
①配合尺寸抽拉細褶。
裡領圍布（正面）
前片（正面）
前片（正面）
後片（正面）

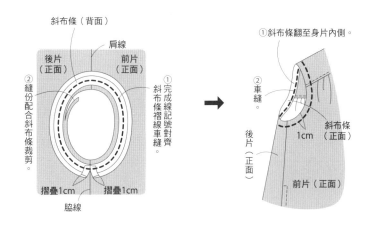

①縫份置入領圍布內側。
0.2cm
②車縫。
裡剪接布（正面）
前片（背面）
前片（背面）
後片（背面）

10 車縫脇線，製作口袋布
（參考P.32）

11 斜布條配合袖襱弧線對齊

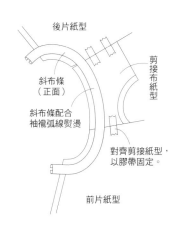

後片紙型
剪接布紙型
斜布條（正面）
斜布條配合袖襱弧線熨燙
對齊剪接紙型，以膠帶固定。
前片紙型

12 車縫袖襱

斜布條（背面）
肩線
後片（正面）
前片（正面）
②縫份配合斜布條裁剪
①斜布條記號對齊
①完成線記號對齊
斜布條褶線車縫。
摺疊1cm　摺疊1cm
脇線

①斜布條翻至身片內側。
②車縫。
後片（正面）
斜布條1cm（正面）
前片（正面）

13 車縫下襬線

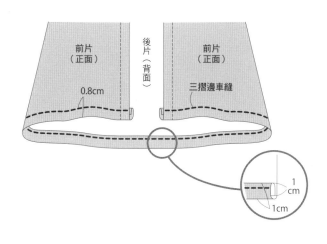

前片（正面）
後片（背面）
前片（正面）
0.8cm
三摺邊車縫

1cm
1cm

14 完成

No.19
No.18

①開釦眼。
②縫上釦子。
②縫上釦子。

P.20-20

材料		90cm尺寸	100cm尺寸	110cm尺寸	120cm尺寸	130cm尺寸
表布（平紋布）	寬108cm	190cm	190cm	200cm	200cm	200cm
黏著襯（FV-2N）	寬112cm	20cm	20cm	20cm	20cm	20cm
釦子	直徑1cm	6個	6個	6個	6個	6個
斜布條（二摺）	寬1.27cm	70cm	80cm	80cm	80cm	90cm
完成尺寸						
身長		36.6cm	39.3cm	42cm	44cm	47.5cm
胸圍		128cm	132cm	136cm	140cm	144cm

總共五種尺寸
從上至下
90cm尺寸
100cm尺寸
110cm尺寸
120cm尺寸
130cm尺寸
只有一個尺寸時
代表尺寸共通

關於紙型

★原寸紙型：應用B面18。

＊使用紙型：領圍布・剪接布・前・後身片

＊紙型未含縫份。

＊紙型修正…前後身片變短。布紋線改為橫布紋。

紙型修正方法

＝原寸紙型

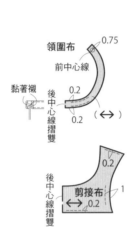

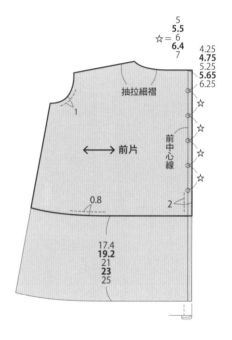

製作方法 ※參考裁布圖在指定位置上貼上黏著襯，脇線進行Z字形車縫後再車縫。

製作方法參考P.62至63的2至14。

（步驟10省略）

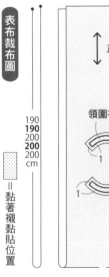

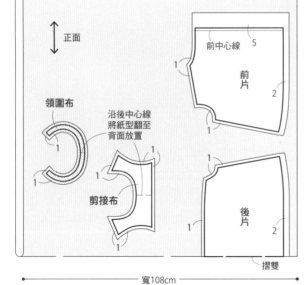

寬108cm

No.20

64

材料		S	M	L
表布（平紋布）	寬108cm	250cm	250cm	260cm
黏著襯（FV-2N）	寬112cm	20cm	20cm	20cm
釦子	直徑1.15cm	6個	6個	6個
斜布條（二摺）	寬1.27cm	100cm	100cm	110cm
完成尺寸				
身長		57.5cm	60cm	63cm
胸圍		185cm	192cm	199cm

關於紙型

★原寸紙型：應用B面19。

* 使用紙型：領圍布・剪接布・前和後身片
* 紙型未含縫份。
* 紙型修正…前後身片變短。
  布紋線改為橫布紋。

紙型修正方法　　⬭ =原寸紙型

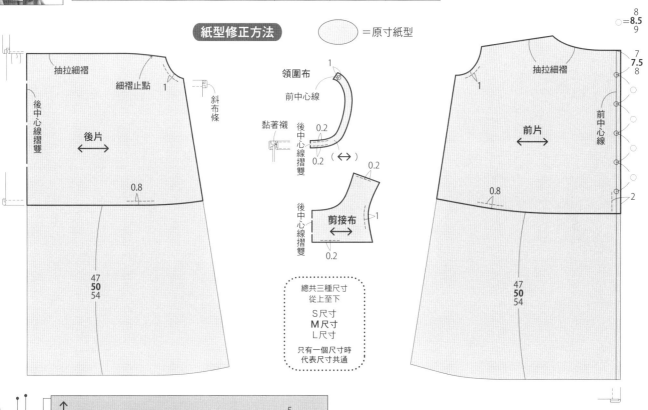

總共三種尺寸
從上至下

S尺寸
M尺寸
L尺寸

只有一個尺寸時
代表尺寸共通

表布裁布圖

⬚ =黏著襯黏貼位置

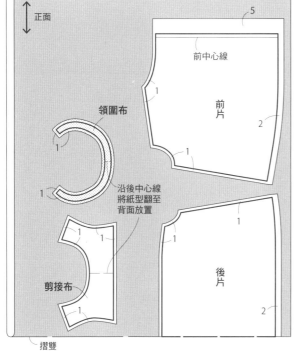

製作方法　※參考裁布圖在指定位置上貼上黏著襯，
脇線進行Z字形車縫後再車縫。

製作方法參考P.62至63的**2**至**14**。
（步驟**10**省略）

No.21

P.26-27　　**P.27-28**

No.27材料		90cm尺寸	100cm尺寸	110cm尺寸	120cm尺寸	130cm尺寸
表布（echino布）	寬110cm	120cm	140cm	150cm	160cm	170cm
黏著襯（FV-2N）	寬5cm	5cm	5cm	5cm	5cm	5cm
圓繩	寬0.4cm	40cm	40cm	40cm	40cm	40cm
鬆緊帶	寬2cm	40cm	45cm	45cm	50cm	50cm
完成尺寸						
總長		50cm	60.5cm	61.5cm	68cm	74.5cm

No.28材料		S	M	L
表布（echino布）	寬110cm	290cm	310cm	320cm
黏著襯（FV-2N）	寬5cm	5cm	5cm	5cm
圓繩	寬0.4cm	40cm	40cm	40cm
鬆緊帶	寬2.5cm	70cm	70cm	80cm
完成尺寸				
總長		85.5cm	90.5cm	94.5cm

總共五種尺寸
從上至下

90cm尺寸
100cm尺寸
110cm尺寸
120cm尺寸
130cm尺寸

只有一個尺寸時
代表尺寸共通

關於紙型

★原寸紙型：No.27使用A面27。
　　　　　No.28使用A面28。

＊使用紙型：腰帶・前・後身片・口袋布
＊紙型・製圖未含縫份。

總共三種尺寸
從上至下

S尺寸
M尺寸
L尺寸

只有一個尺寸時
代表尺寸共通

No.27紙型　　　　　　　　　　　　**No.28紙型**

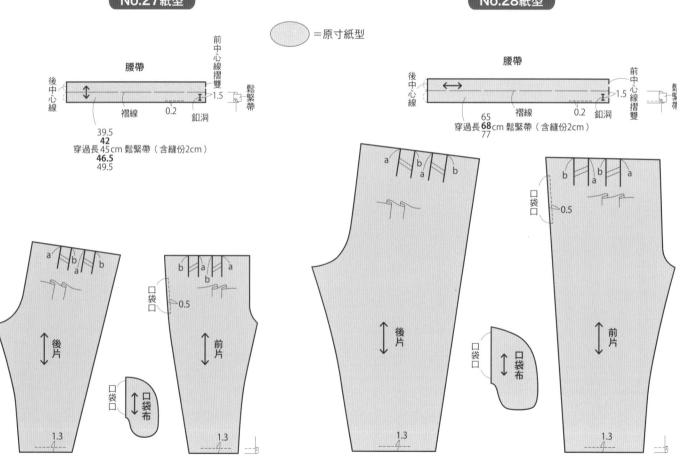

No.28表布裁布圖

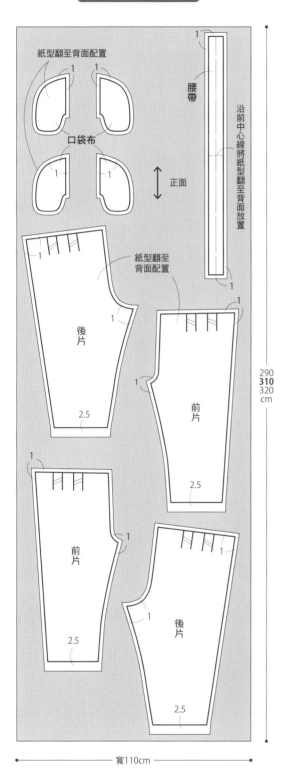

紙型翻至背面配置

1

1

口袋布

1

1

正面

沿前中心線將紙型翻至背面放置

腰帶

紙型翻至背面配置

後片

1

2.5

前片

1

2.5

前片

2.5

後片

1

2.5

290
310
320
cm

寬110cm

No.27表布裁布圖

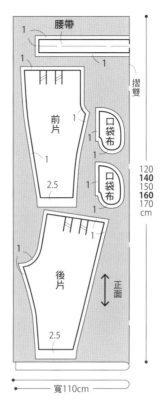

腰帶

1

1

前片

1

2.5

口袋布
1
1

口袋布
1

後片

1

正面

2.5

摺雙

120
140
150
160
170
cm

寬110cm

製作方法

※脇線‧股上長‧股下長‧口袋布
進行Z字形車縫後再車縫。

1 摺疊褶襉

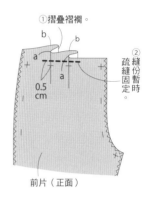

①摺疊褶襉。

b
b

a
0.5
cm
a

②縫份暫時疏縫固定。

前片（正面）

※後片依相同方法車縫

2 車縫脇線，製作口袋布
（參考P.32）

3 車縫股下線

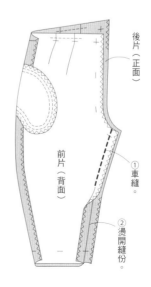

後片（正面）

①車縫。

前片（背面）

②燙開縫份。

4 車縫下襬線

（背面）

三摺邊車縫

1.3cm

1
cm

1.5cm

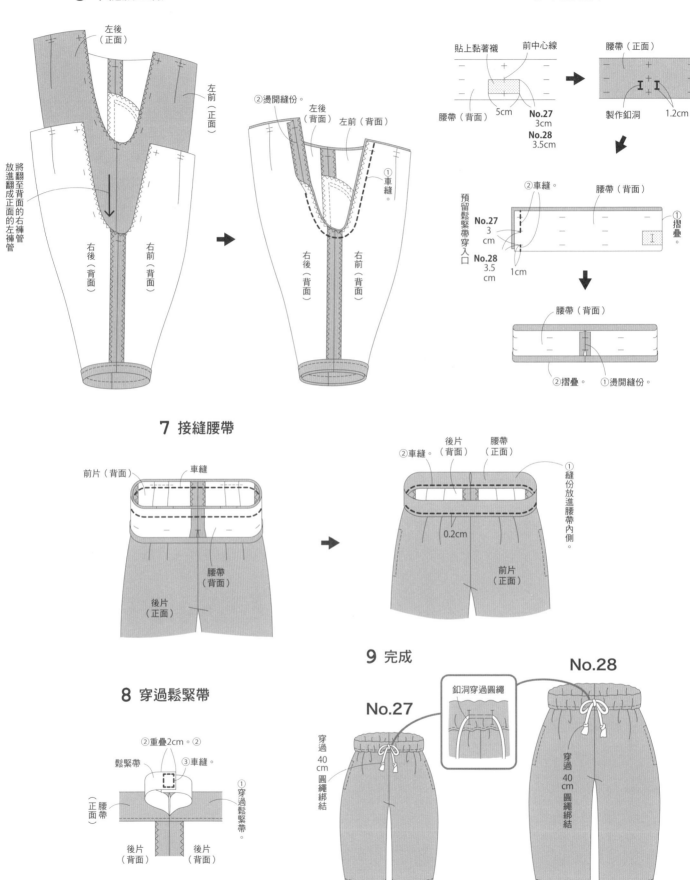

5 車縫股上線

左後（正面）

左前（正面）

將翻至背面的右褲管放進翻成正面的左褲管

右後（背面）

右前（背面）

②燙開縫份。

左後（背面）　左前（背面）

①車縫。

右後（背面）　右前（背面）

6 製作腰帶

貼上黏著襯　前中心線

腰帶（背面）　5cm　No.27 3cm　No.28 3.5cm

腰帶（正面）

製作釦洞　1.2cm

預留鬆緊帶穿入口

②車縫。　腰帶（背面）

No.27 3cm　No.28 3.5cm　1cm

①摺疊。

腰帶（背面）

②摺疊。　①燙開縫份。

7 接縫腰帶

前片（背面）　車縫

腰帶（背面）

後片（正面）

②車縫。　後片（背面）　腰帶（正面）

①縫份放進腰帶內側。

0.2cm

前片（正面）

8 穿過鬆緊帶

②重疊2cm。②

鬆緊帶　③車縫。

腰帶（正面）

①穿過鬆緊帶。

後片（背面）　後片（背面）

9 完成

釦洞穿過圓繩

No.28

No.27

穿過40cm圓繩綁結

穿過40cm圓繩綁結

68

P.31-31　P.31-32

No.31材料		S	M	L
表布（亞麻布）	寬106cm	170cm	180cm	180cm
別布（平紋布）	寬110cm	70cm	70cm	70cm
黏著襯（FV-2N）	寬112cm	70cm	70cm	70cm
釦子	直徑2.5cm	1個	1個	1個
暗釦	直徑2.1cm	1組	1組	1組
完成尺寸				
身長		51.3cm	53.5cm	56.2cm
胸圍		99cm	106cm	113cm

No.32材料		90cm尺寸	100cm尺寸	110cm尺寸	120cm尺寸	130cm尺寸
表布（亞麻布）	寬106cm	120cm	120cm	130cm	130cm	140cm
別布（平紋布）	寬110cm	50cm	50cm	50cm	60cm	60cm
黏著襯（FV-2N）	寬112cm	50cm	50cm	50cm	60cm	60cm
釦子	直徑2cm	1個	1個	1個	1個	1個
暗釦	直徑1.8cm	1組	1組	1組	1組	1組
完成尺寸						
身長		34.2cm	35.9cm	38cm	39.1cm	41.7cm
胸圍		72cm	76cm	80cm	84cm	88cm

總共三種尺寸
從上至下

S尺寸
M尺寸
L尺寸

只有一個尺寸時
代表尺寸共通

總共五種尺寸
從上至下

90cm尺寸
100cm尺寸
110cm尺寸
120cm尺寸
130cm尺寸

只有一個尺寸時
代表尺寸共通

No.31紙型修正

 ＝原寸紙型

關於紙型

★原寸紙型：No.31前・後身片・後領圍貼邊・袖子應用A面2。
　前領圍貼邊應用A面31。
　No.32前・後身片・後領圍貼邊・袖子應用A面1。
　前領圍貼邊應用A面32。

＊使用紙型：前・後身片・前領圍貼邊・後領圍貼邊・袖子
＊No.32口袋・袖貼邊・布環沒有紙型。
＊紙型・製圖未含縫份。
　直線部分直接剪裁。
＊紙型修正…前後身片變短、袖長變長、畫上No.32口袋位置。
　前片從前中心線平行畫出5cm寬度。

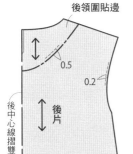

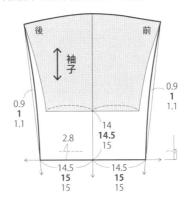

No.32紙型修正方法・製圖

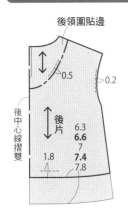 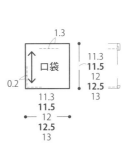 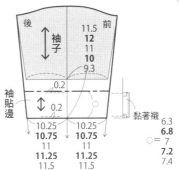 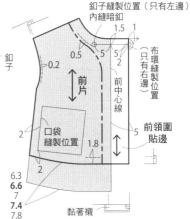

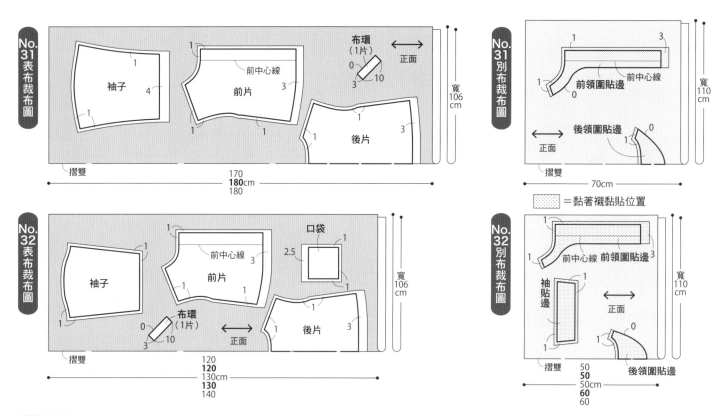

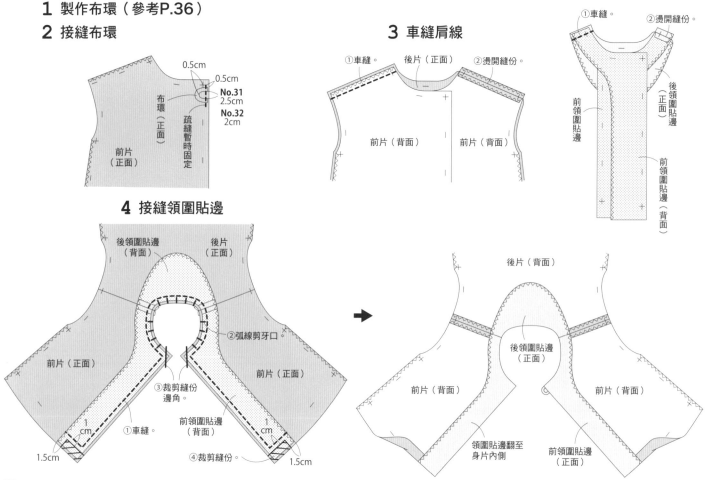

製作方法 ※參考裁布圖在指定位置上貼上黏著襯，肩線、脇線、前後領圍貼邊、袖下線、口袋進行Z字形車縫後再車縫。

1 製作布環（參考P.36）
2 接縫布環

3 車縫肩線

4 接縫領圍貼邊

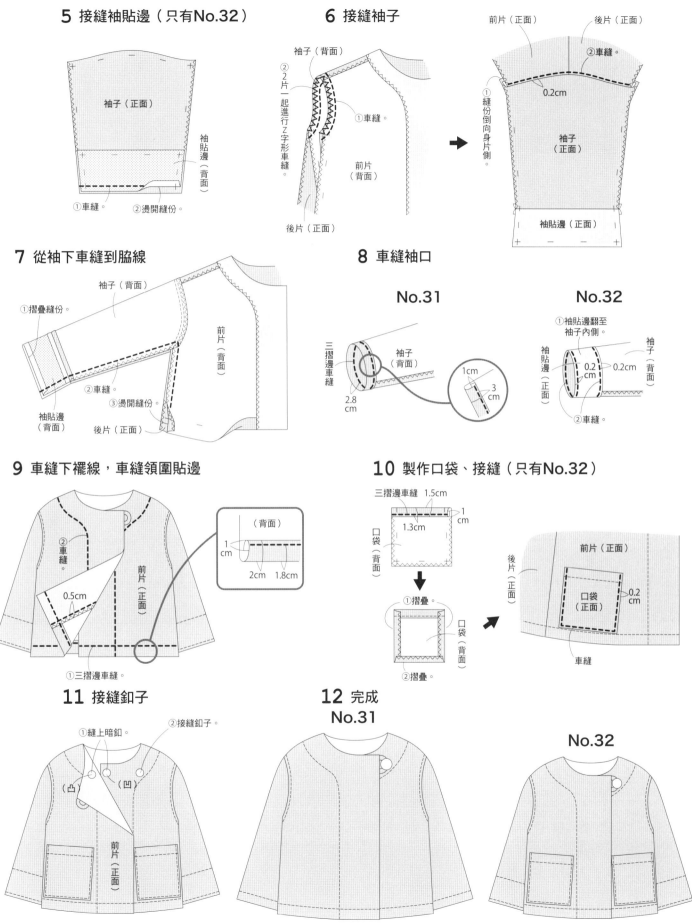

5 接縫袖貼邊（只有No.32）

袖子（正面）

袖貼邊（背面）

①車縫。　②燙開縫份。

6 接縫袖子

袖子（背面）

②2片一起進行Z字形車縫。

①車縫。

前片（背面）

後片（正面）

前片（正面）　　後片（正面）

②車縫。

0.2cm

①縫份倒向身片側。

袖子（正面）

袖貼邊（正面）

7 從袖下車縫到脇線

袖子（背面）

①摺疊縫份。

②車縫。

③燙開縫份。

袖貼邊（背面）　後片（正面）

前片（背面）

8 車縫袖口

No.31

三摺邊車縫

袖子（背面）

1cm

3cm

2.8cm

No.32

①袖貼邊翻至袖子內側。

袖貼邊（正面）

0.2cm

0.2cm

袖子（背面）

②車縫。

9 車縫下襬線，車縫領圍貼邊

②車縫。

0.5cm

前片（正面）

①三摺邊車縫。

（背面）

1cm

2cm　1.8cm

10 製作口袋、接縫（只有No.32）

三摺邊車縫　1.5cm

口袋（背面）

1cm

1.3cm

①摺疊。

口袋（背面）

②摺疊。

後片（正面）

前片（正面）

口袋（正面）

0.2cm

車縫

11 接縫釦子

①縫上暗釦。

②接縫釦子。

（凸）　（凹）

前片（正面）

12 完成
No.31

No.32

P.22-22　　P.23-23

No.22材料		90cm尺寸	100cm尺寸	110cm尺寸	120cm尺寸	130cm尺寸
表布（亞麻布／帆布皺褶加工）寬130cm		110cm	110cm	120cm	130cm	130cm
斜布條（二摺）	寬1.27cm	100cm	100cm	100cm	110cm	110cm
日形環	內徑1cm	2個	2個	2個	2個	2個
圓環	內徑1cm	2個	2個	2個	2個	2個
完成尺寸						
身長		47.3cm	51.4cm	55.5cm	59.6cm	64.4cm
胸圍		62cm	66cm	70cm	74cm	78cm

No.23材料		S	M	L
表布（亞麻布／帆布皺褶加工）寬130cm		220cm	230cm	250cm
斜布條（二摺）	寬1.27cm	120cm	130cm	130cm
日形環	內徑1cm	2個	2個	2個
圓環	內徑1cm	2個	2個	2個
完成尺寸				
身長		87.9cm	94cm	99.3cm
胸圍		89cm	96cm	103cm

總共五種尺寸
從上至下

90cm尺寸
100cm尺寸
110cm尺寸
120cm尺寸
130cm尺寸

只有一個尺寸時
代表尺寸共通

總共三種尺寸
從上至下

S尺寸
M尺寸
L尺寸

只有一個尺寸時
代表尺寸共通

肩繩（2片）

43.2
44.1
45
45.4
46.5

2
褶線

釦絆（2片）

2
褶線
3
圓環

0.2

0.2

肩繩（2片）

2
褶線

84
85
87.4

釦絆（2片）

2
褶線
3

0.2

0.2

關於紙型

★原寸紙型：No.22使用A面22。
　　　　　No.23使用B面23。

＊使用紙型：前・後身片・前褲管・後褲管・口袋布
＊肩繩・釦絆沒有紙型。
　直線部分直接剪裁。
＊紙型・製圖未含縫份。

 ＝原寸紙型

No.22紙型・製圖

No.23紙型・製圖

後片
縫製釦絆位置
後後中心線摺雙
1
0.2

前片
縫製肩繩位置
斜布條
前中心線摺雙
斜布條
0.2

後片
釦絆縫製位置
後中心線摺雙
1
0.2

前片
縫製肩繩位置
斜布條
前中心線摺雙
斜布條
1
0.2

後褲管

前褲管
口袋口
0.5
口袋布
1.8

後褲管
1.8

前褲管
口袋口
0.5
口袋布
1.8

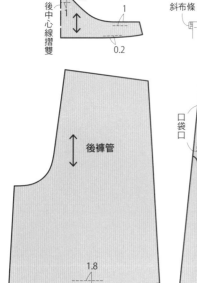
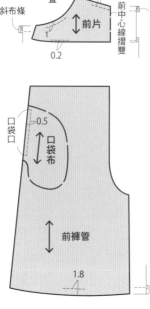
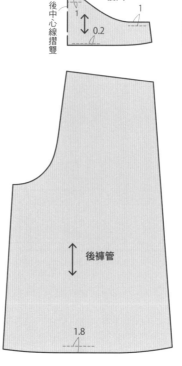
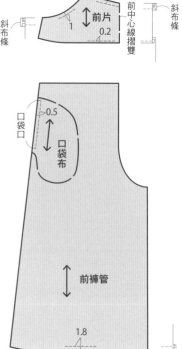

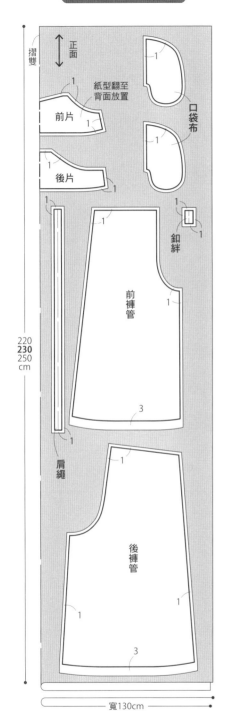

No.23表布裁布圖

摺雙

正面

紙型翻至背面放置

前片 1

後片 1

口袋布 1

釦絆 1

前褲管 3

肩繩 1

後褲管 1 3

220 **230** 250 cm

寬130cm

No.22表布裁布圖

摺雙

正面

釦絆 1

前褲管 3

口袋布 1

肩繩 1

前片 1

後片 1

後褲管 3

紙型翻至背面放置

110 **110** 120 **130** 130 cm

寬130cm

製作方法

※前後片、褲子脇線、股上線、股下線、口袋布進行Z字形車縫後再車縫。

1 製作肩繩

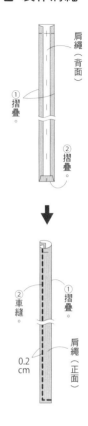

肩繩（背面）

①摺疊。

②摺疊。

②車縫。

①摺疊。

肩繩（正面）

0.2 cm

2 製作釦絆

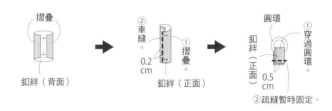

摺疊

釦絆（背面）

②車縫。

①摺疊。

0.2 cm

釦絆（正面）

圓環

①穿過圓環。

釦絆（正面）

0.5 cm

②疏縫暫時固定。

3 肩繩、釦絆穿過日形環和圓環

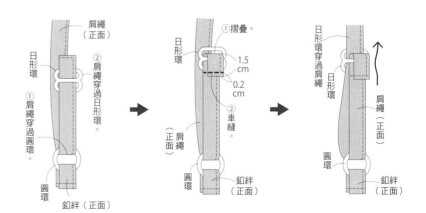

肩繩（正面）

日形環

②肩繩穿過日形環。

①肩繩穿過圓環。

圓環

釦絆（正面）

日形環

①摺疊。

1.5 cm

0.2 cm

②車縫。

肩繩（正面）

圓環

釦絆（正面）

日形環穿過肩繩

日形環

肩繩（正面）

圓環

釦絆（正面）

4 車縫脇線

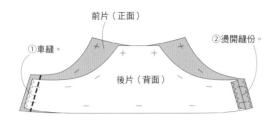

①車縫。
前片（正面）
②燙開縫份。
後片（背面）

5 斜布條對齊袖襱弧線

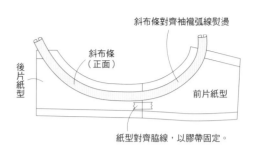

斜布條對齊袖襱弧線熨燙
斜布條（正面）
後片紙型
前片紙型
紙型對齊脇線，以膠帶固定。

6 斜布條接縫袖襱

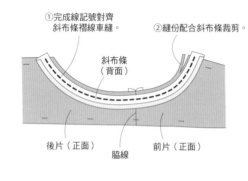

①完成線記號對齊斜布條褶線車縫。
②縫份配合斜布條裁剪。
斜布條（背面）
後片（正面）
脇線
前片（正面）

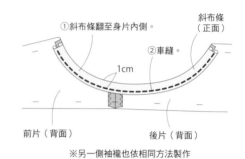

①斜布條翻至身片內側。
斜布條（正面）
②車縫。
1cm
前片（背面）
後片（背面）

※另一側袖襱也依相同方法製作

7 前片接縫肩繩

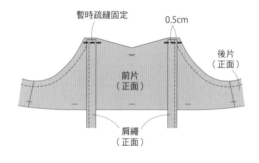

暫時疏縫固定
0.5cm
後片（正面）
前片（正面）
肩繩（正面）

8 後片接縫釦絆

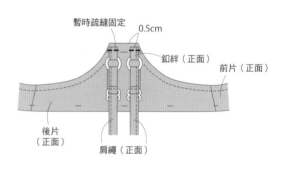

暫時疏縫固定
0.5cm
釦絆（正面）
前片（正面）
後片（正面）
肩繩（正面）

9 身片上端接縫斜布條

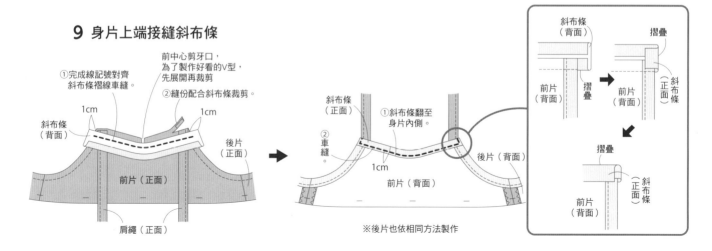

①完成線記號對齊斜布條褶線車縫。
前中心剪牙口，為了製作好看的V型，先展開再裁剪。
②縫份配合斜布條裁剪。
1cm
1cm
斜布條（背面）
前片（正面）
肩繩（正面）

斜布條（正面）
①斜布條翻至身片內側。
②車縫。
1cm
前片（背面）
後片（背面）

※後片也依相同方法製作

斜布條（背面）
摺疊
前片（背面）
斜布條（正面）
摺疊
摺疊
斜布條（正面）
前片（背面）

10 車縫脇線，製作口袋布
（參考P.32）

11 車縫股下線

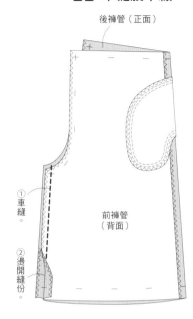

後褲管（正面）

① 車縫。

② 燙開縫份。

右褲管翻至背面放至翻至正面的左褲管內側。

前褲管（背面）

12 車縫股上線

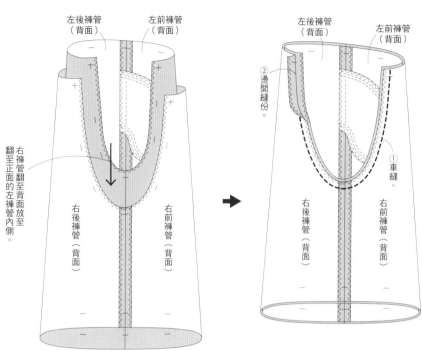

左後褲管（背面）

左前褲管（背面）

② 燙開縫份。

右後褲管（背面）

右前褲管（背面）

① 車縫。

左後褲管（背面）

左前褲管（背面）

右後褲管（背面）

右前褲管（背面）

13 車縫下襬線

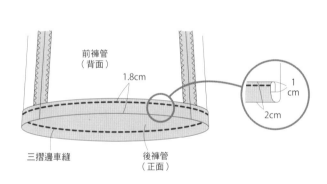

前褲管（背面）

1.8cm

三摺邊車縫

後褲管（正面）

1 cm

2cm

14 接縫身片和褲子

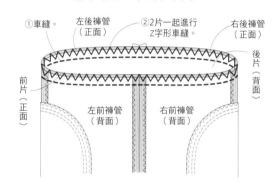

① 車縫。

左後褲管（正面）

② 2片一起進行Z字形車縫。

右後褲管（正面）

後片（背面）

前片（正面）

左前褲管（背面）

右前褲管（背面）

15 車縫腰線

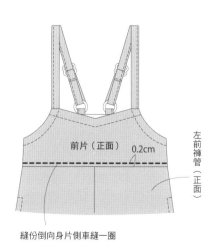

前片（正面）

0.2cm

左前褲管（正面）

縫份倒向身片側車縫一圈

16 完成

No.22

No.23

材料		90cm尺寸	100cm尺寸	110cm尺寸	120cm尺寸	130cm尺寸
表布（亞麻布）	寬105cm	120cm	130cm	130cm	140cm	150cm
斜布條（二摺）	寬1.27cm	100cm	100cm	100cm	110cm	110cm
日形環	內徑1cm	2個	2個	2個	2個	2個
圓環	內徑1cm	2個	2個	2個	2個	2個
完成尺寸						
身長		42.3cm	45.9cm	49.5cm	52.8cm	57.3cm
胸圍		62cm	66cm	70cm	74cm	78cm

關於紙型

★原寸紙型：身片使用A面22、口袋布使用A面17。

＊使用紙型：前‧後身片‧口袋布

＊肩繩‧釦絆‧裙子沒有紙型。
　直線部分直接剪裁。

＊紙型‧製圖未含縫份。

＊紙型修正…前後身片變短。

總共五種尺寸
從上至下
90cm尺寸
100cm尺寸
110cm尺寸
120cm尺寸
130cm尺寸
只有一個尺寸時
代表尺寸共通

紙型‧製圖

⬭ ＝原寸紙型

肩繩
（2片）

釦絆
（2片）

圓環

後片

前片

口袋

口袋縫製位置

抽拉細褶

前後裙片

前‧後中心摺雙線

表布裁布圖

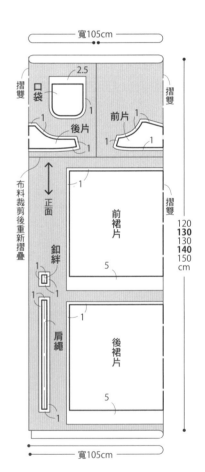

※肩繩、身片製作方法參考P.73至74的**1-9**。

10 製作口袋、接縫

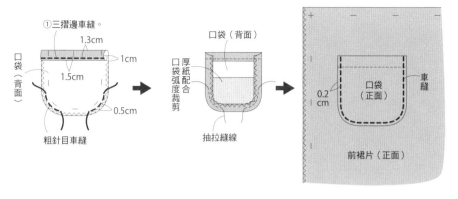

①三摺邊車縫。
1.3cm
1cm
口袋（背面）
1.5cm
0.5cm
粗針目車縫

口袋（背面）
口袋（背面）
厚紙口袋弧度配合裁剪
抽拉縫線

口袋（背面）
車縫
0.2cm
口袋（正面）
前裙片（正面）

11 身片附上記號

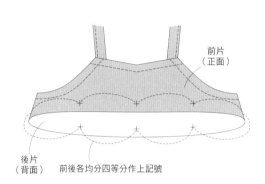

前片（正面）
後片（背面）
前後各均分四等分作上記號

12 製作裙片

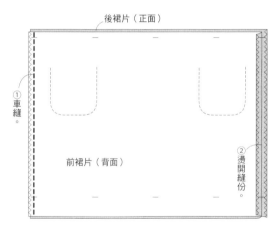

後裙片（正面）
①車縫。
前裙片（背面）
②燙開縫份。

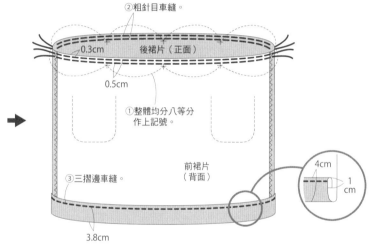

②粗針目車縫。
0.3cm
後裙片（正面）
0.5cm
①整體均分八等分作上記號。
③三摺邊車縫。
前裙片（背面）
4cm
1cm
3.8cm

13 接縫身片和裙片

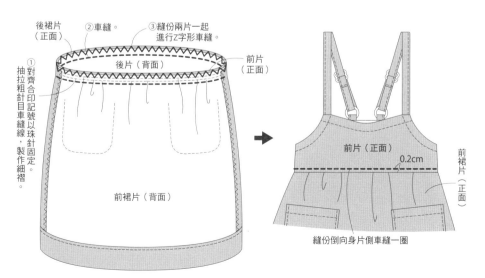

後裙片（正面）
②車縫。
③縫份兩片一起進行Z字形車縫。
後片（背面）
前片（正面）
①對齊合印記號以珠針固定。抽拉粗針目車縫線，製作細褶。
前裙片（背面）

前片（正面）
0.2cm
前裙片（正面）
縫份倒向身片側車縫一圈

14 完成

P.28-29 **P.29-30**

No.29材料		90cm尺寸	100cm尺寸	110cm尺寸	120cm尺寸	130cm尺寸
表布（亞麻布）	寬105cm	100cm	110cm	110cm	120cm	130cm
鬆緊帶	寬2.5cm	40cm	50cm	50cm	50cm	50cm
完成尺寸						
總長		36cm	39.5cm	43cm	47cm	51cm

No.30材料		S	M	L
表布（亞麻布）	寬105cm	240cm	240cm	260cm
鬆緊帶	寬3cm	70cm	70cm	80cm
完成尺寸				
總長		79.5cm	84cm	88.5cm

No.29紙型・製圖

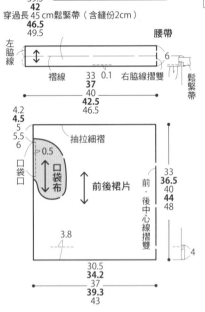

39.5
42
穿過長 45 cm鬆緊帶（含縫份2cm）
46.5
49.5

左脇線
腰帶
6
褶線 33 0.1 右脇線摺雙
鬆緊帶

4.2
4.5
5
5.5
6
抽拉細褶
0.5
口袋
口
口袋布
前後裙片
前・後中心線摺雙
33
36.5
40
44
48
3.8
30.5
34.2
37
39.3
43
4

關於紙型

★原寸紙型：No.29袋布使用A面5。
　　　　　No.30袋布使用A面6。

*使用紙型：袋布
*腰帶・裙子沒有紙型。
　直線部分直接裁剪。
*紙型・製圖未含縫份。
*前裙片與後裙片使用相同紙型。

總共五種尺寸
從上至下

90cm尺寸
100cm尺寸
110cm尺寸
120cm尺寸
130cm尺寸

只有一個尺寸時
代表尺寸共通

總共三種尺寸
從上至下

S尺寸
M尺寸
L尺寸

只有一個尺寸時
代表尺寸共通

No.30的紙型・製圖

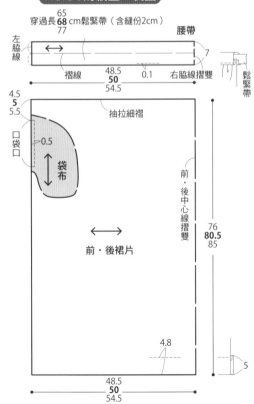

65
穿過長 **68** cm鬆緊帶（含縫份2cm）
77

左脇線
腰帶
7
褶線 48.5 0.1 右脇線摺雙
50
54.5
鬆緊帶

4.5
5
5.5
抽拉細褶
0.5
口袋
口
袋布
前・後裙片
前・後中心線摺雙
76
80.5
85
4.8
48.5
50
54.5
5

No.29表布裁布圖

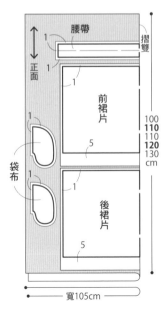

摺雙
正面
腰帶
1
1
前裙片
5
袋布
1
1
後裙片
5
100
110
110
120
130
cm
寬105cm

No.30表布裁布圖

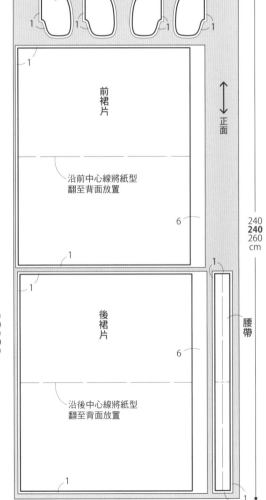

紙型翻至背面放置
袋布 袋布
1 1 1 1
1
前裙片
沿前中心線將紙型翻至背面放置
正面
1
1
後裙片
6
沿後中心線將紙型翻至背面放置
6
腰帶
240
240
260
cm
1
寬105cm

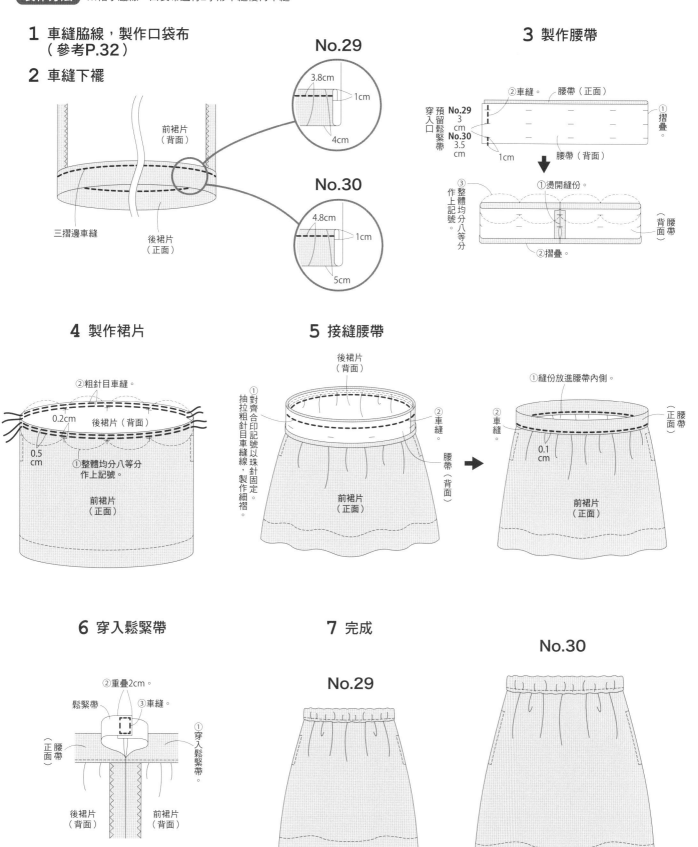

1 車縫脇線，製作口袋布
（參考P.32）

2 車縫下襬

No.29

3.8cm
1cm
4cm

No.30

4.8cm
1cm
5cm

前裙片（背面）

後裙片（正面）

三摺邊車縫

3 製作腰帶

②車縫。 腰帶（正面）

穿入口 預留鬆緊帶 No.29 3cm No.30 3.5cm

①摺疊。

1cm 腰帶（背面）

③整體均分八等分作上記號

①燙開縫份。

②摺疊。

（背面）腰帶

4 製作裙片

②粗針目車縫。

0.2cm 後裙片（背面）

0.5cm

①整體均分八等分作上記號。

前裙片（正面）

5 接縫腰帶

後裙片（背面）

①對齊合印記號以珠針固定。抽拉粗針目車縫線，製作細褶。

②車縫。

腰帶（背面）

前裙片（正面）

①縫份放進腰帶內側。

②車縫。

0.1cm

②車縫。

正面腰帶

前裙片（正面）

6 穿入鬆緊帶

②重疊2cm。

鬆緊帶

③車縫。

①穿入鬆緊帶。

正面腰帶

後裙片（背面）

前裙片（背面）

7 完成

No.29

No.30

P.24-24　　P.24-25

No.24材料		
表布（皺褶格紋布）	寬60cm	40cm
鬆緊帶	寬1.5cm	20cm

No.25材料		
表布（皺褶格紋布）	寬50cm	30cm
鬆緊帶	寬1cm	20cm

關於紙型

★原寸紙型：沒有原寸紙型。

＊這個作品為直線裁剪，所以直接裁剪布料。
＊製圖未含縫份。
＊布料附有布寬尺寸，和實際店裡販賣布寬不一樣，
　請留意。

No.24製圖

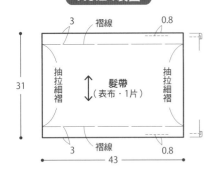

髮帶（表布・1片）

3　褶線　0.8
抽拉細褶　抽拉細褶
31
3　褶線　0.8
43

鬆緊帶布（表布・1片）

5
（↔）褶線
20
穿過14cm鬆緊帶
（含縫份2cm）
鬆緊帶

No.25製圖

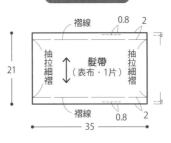

髮帶（表布・1片）

褶線　0.8　2
抽拉細褶　抽拉細褶
21
褶線　0.8　2
35

鬆緊帶布（表布・1片）

穿過14cm鬆緊帶
（含縫份2cm）
4
褶線　（↔）
24
鬆緊帶

※鬆緊帶長度請配合頭圍調整大小

No.24表布裁布圖

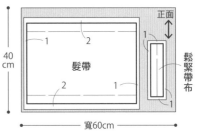

正面
40cm
髮帶
寬60cm
鬆緊帶布
1　2　1
2　1

No.25表布裁布圖

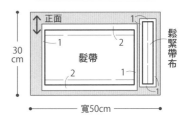

正面
30cm
髮帶
寬50cm
鬆緊帶布
1　2
1　1

製作方法

1 製作髮帶

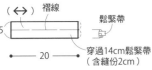

①三摺邊車縫。
0.5cm　0.2cm
髮帶（背面）
②粗針目車縫細褶止點之間
①三摺邊車縫。
0.8cm　1cm　1cm

①摺疊。
②抽拉粗針目車縫線，製作細褶。
髮帶（背面）
③重疊2cm。
①摺疊。

2 製作髮帶

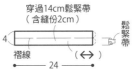

③燙開縫份。
②車縫。
①摺疊。
鬆緊帶布（背面）

①翻至正面，縫線移至中心處。
鬆緊帶布（正面）
②摺疊兩側縫份至內側。

3 髮帶接縫鬆緊帶

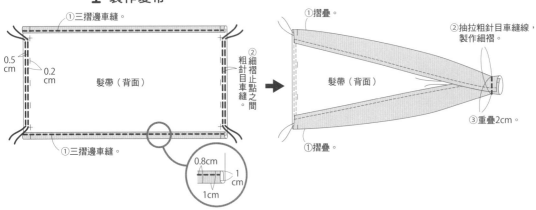

髮帶（正面）
1cm　①穿入鬆緊帶。
1cm
②暫時疏縫固定。

①穿入鬆緊帶。
鬆緊帶（正面）　1cm
1cm
髮帶（正面）
②鬆緊帶穿入另一側車縫固定。

①蓋上縫份。
②車縫。
0.2cm
鬆緊帶布（正面）
髮帶（正面）

4 完成

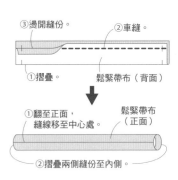
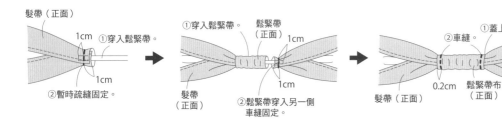

✄ Sewing 縫紉家 41

媽媽跟我穿一樣的！
媽咪&小公主的手作親子裝

授　　權／Boutique-sha
譯　　者／洪鈺惠
發 行 人／詹慶和
執行編輯／劉蕙寧
編　　輯／蔡毓玲・黃璟安・陳姿伶
封面設計／韓欣恬
美術編輯／陳麗娜・周盈汝
內頁排版／韓欣恬
出 版 者／雅書堂文化事業有限公司
發 行 者／雅書堂文化事業有限公司
郵撥帳號／18225950　郵政劃撥戶名：雅書堂文化事業有限公司
地　　址／新北市板橋區板新路206號3樓
網　　址／www.elegantbooks.com.tw
電子郵件／elegant.books@msa.hinet.net
電　　話／(02)8952-4078
傳　　真／(02)8952-4084

2021年07月初版一刷　定價 420 元

Lady Boutique Series No.4765
ONNANOKO TO MAMA NO TEZUKURI OSOROI FUKU
© 2019 Boutique-Sha
All rights reserved.
Original Japanese edition published in Japan by BOUTIQUE-SHA.
Chinese (in complex character) translation rights arranged with BOUTIQUE-SHA
through Keio Cultural Enterprise Co., Ltd., New Taipei City, Taiwan.

經銷／易可數位行銷股份有限公司
地址／新北市新店區寶橋路235巷6弄3號5樓
電話／(02)8911-0825　傳真／(02)8911-0801

國家圖書館出版品預行編目(CIP)資料

媽媽跟我穿一樣的！媽咪&小公主的手作親子裝/Boutique-
sha授權；洪鈺惠譯.
-- 初版. - 新北市：雅書堂文化事業有限公司, 2021.07
　面；　公分. -- (Sewing縫紉家; 41)
譯自：女の子とママの手作りおそろい服
ISBN 978-986-302-591-7(平裝)

1.縫紉 2.衣飾 3.手工藝

426.3　　　　　　　　　　　　　　　　110010190

staff

編輯／名取美香 菊池繪理香
校閱／松岡陽子
攝影／奧川純一
造型師／三輪昌子
封面設計／梅宮真紀子
紙型放版／長谷川綾子
繪圖／たけうちみわ（trifle-biz）
紙型描繪／長浜恭子